浙江省哲学社会科学规划青年课题“互联网+视阈下越剧服饰文化及其数字化传承研究”（编号：19NDQN328YB）

越剧服饰设计

韩燕娜　著

中国纺织出版社有限公司

内 容 提 要

越剧入选首批国家级非物质文化遗产名录，是中华优秀传统文化的组成部分。本书系统梳理越剧服饰设计特色，为越剧服饰设计的创新发展提供借鉴意义。全书共分五章：第一章对越剧各个发展时期的服饰文化进行梳理，研究其艺术特色；第二章选取越剧中较典型角色小生、花旦、正旦、老生、武生等的服饰，对其结构特点进行分析，用现代工业制板的方式梳理总结越剧不同角色服装的结构形制；第三章着重介绍了越剧服饰中的纹样设计，包括纹样布局以及不同的纹样类型；第四章从色彩学角度分析了越剧不同角色服装的色彩构成，结合剧目等分析了不同色彩搭配服装在舞台表演中的美学价值；第五章结合现代化的3D虚拟设计手段，以CLO 3D软件再现了越剧不同角色服装的形制搭配和穿着效果。

本书图文并茂，研究逻辑清晰，可供越剧服装设计人员、高等院校服装专业学生、服饰文化爱好者阅读参考。

图书在版编目（CIP）数据

越剧服饰设计 / 韩燕娜著. -- 北京：中国纺织出版社有限公司，2022.3

ISBN 978-7-5180-9327-4

Ⅰ. ①越… Ⅱ. ①韩… Ⅲ. ①越剧 — 服饰 — 设计 Ⅳ. ①TS941.735

中国版本图书馆 CIP 数据核字（2022）第 014985 号

责任编辑：张晓芳 特约编辑：温 民 责任校对：王花妮
责任印制：王艳丽

中国纺织出版社有限公司出版发行
地址：北京市朝阳区百子湾东里A407号楼 邮政编码：100124
销售电话：010—67004422 传真：010—87155801
http://www.c-textilep.com
中国纺织出版社天猫旗舰店
官方微博 http://weibo.com/2119887771
天津千鹤文化传播有限公司印刷 各地新华书店经销
2022年3月第1版第1次印刷
开本：710×1000 1/16 印张：7.75
字数：88千字 定价：69.80元

前　言

中国传统戏剧服饰有着深厚的文化底蕴，其中越剧作为中国第二大剧种，发源于浙江嵊州，发祥于上海，繁荣于国内，流传于世界。2006年被列为第一批国家级非物质文化遗产名录。越剧长于抒情，善于叙事，唯美典雅，极具江南灵秀之气。故越剧服饰也具有淡雅、柔美、飘逸、简洁、清新等装扮风格，追求轻、柔、美，富于江南水乡的婉约和绚丽。

本书第一章对越剧各个发展时期的服饰文化进行梳理，研究其艺术特色，以图文并茂的形式分析越剧服装设计的面料特性、结构特征、色彩搭配、纹样设计等特点。从服装设计的角度展现越剧服饰平面裁剪的简约之美、舞台飘逸之美、色彩淡雅之美、纹样寓意之美。第二章选取越剧中较典型角色小生、花旦、正旦、老生、武生等的服饰，对其结构特点进行分析，用现代工业化制板的方式梳理总结其越剧不同角色服装的结构形制。第三章着重介绍了越剧服饰中的纹样设计，包括纹样布局以及不同的纹样类型。第四章从色彩学角度分析了越剧不同角色服装的色彩构成，结合剧目等分析了不同色彩搭配的服装在舞台表演中的美学价值。第五章结合现代化的3D虚拟设计手法，以CLO 3D软件再现了越剧不同角色服装的形制搭配和穿着效果，指出数字化设计是越剧服饰发展和传承的必由之路。

越剧经过百年发展，形成其独特风格。越剧服饰作为其中宝贵文化财富，也是中华优秀文化的组成部分。笔者希望通过本书系统梳理越剧服饰设计的特色，为越剧服饰设计创新发展提供一定借鉴意义，同时为越剧非物质文化遗产保护贡献一份力量。鉴于作者研究水平有限，若有不当、不详之处望指正。

著者

2021年9月

目 录

第一章 越剧服饰设计概述 ······ 001
第一节 越剧服装文化探究 ······ 001
一、越剧服装的文化价值 ······ 001
二、越剧服装的设计要素 ······ 003
三、小结 ······ 008
第二节 越剧服饰发展历史研究 ······ 008
一、落地唱书时期 ······ 008
二、小歌班时期 ······ 010
三、越剧服饰孕育时期 ······ 011
四、新国营时期 ······ 014
五、越剧服饰现状 ······ 015
六、越剧不同时期服饰特点小结 ······ 021
第三节 越剧服饰角色文化及其数字化传承综述 ······ 022
一、越剧服饰角色文化研究现状 ······ 022
二、基于越剧角色文化的服饰数字化传承研究 ······ 025
三、小结 ······ 026

第二章 越剧服饰结构设计 ······ 027
第一节 越剧小生服饰结构设计 ······ 027
一、小生褶衣结构特点 ······ 027
二、小生褶衣尺寸表 ······ 027
三、小生褶衣结构图 ······ 028
四、小生褶衣工业样板图 ······ 028
第二节 越剧花旦服饰结构设计 ······ 030
一、越剧花旦袄裙A结构设计 ······ 030
二、越剧花旦袄裙B结构设计 ······ 033
第三节 越剧正旦服饰结构设计 ······ 035

一、正旦褶衣结构特点……035
二、正旦褶衣尺寸表……035
三、正旦褶衣结构图……037
四、正旦褶衣工业样板图……037
第四节 越剧老生老旦服饰结构设计……038
一、老生老旦帔结构特点……038
二、老生老旦帔尺寸表……038
三、老生老旦帔结构图……039
四、老生老旦帔工业样板图……040
第五节 越剧武生服饰结构设计……041
一、武生靠结构特点……041
二、武生靠尺寸表……042
三、武生靠结构图……042
四、武生靠工业样板图……042

第三章 越剧服饰纹样设计……045
第一节 纹样在越剧服饰上的布局……045
一、小生服饰纹样布局……045
二、花旦服饰纹样布局……046
三、正旦服饰纹样布局……047
四、老生老旦服饰纹样布局……048
五、武生服饰纹样布局……049
第二节 越剧服饰纹样的不同类型……050
一、团纹……050
二、花边纹……056
三、自由纹样……059

第四章 越剧服饰色彩设计……063
第一节 越剧小生服饰色彩设计……063
一、越剧小生服饰A色彩设计……063
二、越剧小生服饰B色彩设计……066
第二节 越剧花旦服饰色彩设计……069
一、越剧花旦服饰A色彩设计……069
二、越剧花旦服饰B色彩设计……071

第三节 越剧正旦服饰色彩设计……073
一、越剧正旦服饰 A 色彩设计……073
二、越剧正旦服饰 B 色彩设计……074
第四节 越剧老生服饰色彩设计……076
一、越剧老生服饰 A 色彩设计……076
二、越剧老生服饰 B 色彩设计……078
第五节 越剧武生服饰色彩设计……080
一、越剧武生服饰 A 色彩设计……080
二、越剧武生服饰 B 色彩设计……081

第五章 越剧服饰 3D 虚拟设计应用……085
第一节 虚拟试衣技术在越剧数字化展示中的应用……085
一、CLO 3D 软件介绍……085
二、虚拟人体模特的建立……086
第二节 越剧小生服饰 3D 虚拟展示……089
一、越剧小生服饰 2D-3D 交互式转化虚拟试衣……089
二、着装效果评估……091
第三节 越剧花旦服饰 3D 虚拟展示……093
一、越剧花旦服饰 2D-3D 交互式转化虚拟试衣……093
二、着装效果评估……096
第四节 越剧正旦服饰 3D 虚拟展示……098
一、越剧正旦服饰 2D-3D 交互式转化虚拟试衣……098
二、着装效果评估……101
第五节 越剧老生服饰 3D 虚拟展示……102
一、越剧老生服饰 2D-3D 交互式转化虚拟试衣……102
二、着装效果评估……105
第六节 越剧武生服饰 3D 虚拟展示……107
一、越剧武生服饰 2D-3D 交互式转化虚拟试衣……107
二、着装效果评估……110

参考文献……112

后记……115

第一章　越剧服饰设计概述

第一节　越剧服装文化探究

越剧服装是指与越剧表演有关的舞台演出服装，如上衣、裙子、裤子、帽子、鞋子、头饰等。这些服饰以人物和情节为中心，与越剧表演动作、台词、舞台布景、音乐、灯光等因素共同构成了越剧表演艺术的体系。戏曲服装在舞台艺术表现中占有重要地位，是中国传统服饰的重要组成部分。它是一种形式化的表达语言，能够增强表达力。传统越剧服饰是从人们日常服饰的基础上发展而来，中国传统服饰很多重要设计特点都凝结在戏剧服饰中。2006年，越剧入选第一批国家级非物质文化遗产名录。2007 年 5 月，“黄泽戏剧服装制作技艺”被列入浙江省第二批非物质文化遗产名录。因此深入研究越剧服装的设计文化，发掘越剧服饰审美文化，对其进行传承与创新，对于弘扬中华民族传统服饰文化有着重要的意义。

一、越剧服装的文化价值

越剧艺术是现实生活的升华。同样，越剧服装设计也是服装文化的升华。越剧服饰设计一方面体现了日常服饰基本设计元素和审美特征；另一方面越剧服饰设计是对日常服饰的提炼、加工、概括和完善。因此，越剧服装设计具有强烈性、夸张性、象征性、装饰性和程式化的特点。越剧服装的文化价值体现在以下三个方面。

（一）反映时代特征

戏剧是时代的一面镜子。舞台上的一切元素都要传达时代的本质特征和主要信息，服装也不例外。例如，在传统戏曲中，古代戏曲与现代戏曲的服装设计有着明显不同的艺术风格。越剧服饰经历了小歌班初期、绍兴文戏时期、新国营时期，发展至今。越剧最早被称为“落地唱书”，当时的戏装多为日常的小衣小裤。后来经过“新越剧”以及中华人民共和国成立后的“三改”，越剧服饰随着剧目的改革和创新也发生了很大改变，既继承了中国古代传统的服饰特点又有越剧特有的服饰精神。它融画、刺、绣、制衣于一体，形成了轻柔、淡雅、清丽的服装设计风格，采用丰富的制作工艺讲述着中国现代文明的历史进程。

（二）反映民族特征

世界上任何一个国家或民族的任何一种艺术都有其民族文化的支撑。越剧也是如此，越剧服装也是如此。从这个意义上说，戏装体现了民族文化的特点，闪烁着民族文化的智慧。越剧服装采用中国工笔画形式，以民族工艺将传统的天地人理念和审美观表现得淋漓尽致。越剧服饰体现了戏曲的文化传统和文化渊源，充分反映了中国戏曲的审美情操和艺术表达形式。越剧服饰以独特的方式显露出越剧的物质文化属性，成为世人了解越剧形象、研究越剧文化的重要窗口。比如，中国少数民族如苗族、藏族、维吾尔族、壮族等，也有各自的戏服，都反映了各民族的文化特色。越剧服装是服装文化的重要组成部分，又是越剧艺术呈现的重要组成部分，在文化复兴大背景下，开展越剧服饰相关学科的交叉研究，对促进文化繁荣具有重要意义。

（三）反映地域风貌

戏装也体现了地域特色。地域文化是民族文化的重要组成部分，也是越剧服装艺术的一大亮点。正如鲁迅先生所说：“有地方特色的，倒容易成为世界的，即为别国所注意。”越剧服饰的地域性反映了不同地域文化的本质属性。越剧起源于江南绍兴嵊州，越剧服装设计也有着江南独特的地域风格，轻柔、淡雅、清丽的服装设计和江南地域的民俗、民风息息相关。越剧服装历史渊源和发展历程也从一个侧面反映了绍兴乃至长三角地区社会发展的历程，也是吴越之地社会生产力发展及民俗文化的真实写照。

二、越剧服装的设计要素

（一）越剧服装色彩设计

色彩是最主要的视觉元素，通常人们看到某个事物最开始注意的就是其色彩，因此色彩在舞台表演中发挥着极其重要的作用。中国戏装主要用于表演各种古典戏剧，表现各种人物的身份和性格，经过上千年的不断改进、优选而成。戏剧服装的色彩样式，是从最初的广场演出渐渐发展起来的，后来舞台演出使观演有一定的距离，当角色出场亮相时，映入观众眼帘的首先是剧装色彩的效果，因此这就要求戏剧服装色彩设计更加夸张、生动、鲜艳浓重、对比强烈。在戏剧服装设计长期的实践中，形成了一套既艳丽又协调统一的配色风格。随着我国越剧的不断发展和越剧制度的进一步完善和规范，人们对越剧服装色彩的审美要求也在不断提高。在越剧艺术中，服饰作为情节最直观的外在形式，色彩的重要性不言而喻。每种颜色都会与观众的视觉产生共鸣。因此，服装色彩的设计有其特殊的意义。传统越剧服装底色常用饱和度高、色相强烈的颜色，如上五色（含红、绿、黄、白、黑，图1–1）和下五色（含紫、粉、蓝、湖、香，图1–2）。上五色为主要人物穿用，下五色为次要人物穿用，这些颜色由于饱和度高，在舞台上看起来十分鲜明。其中又以红黑两色用得最多，这两种色彩对比强烈又协调，容易和其他颜色搭配，使得剧装始终能在对比、协调中吸引观众注意。

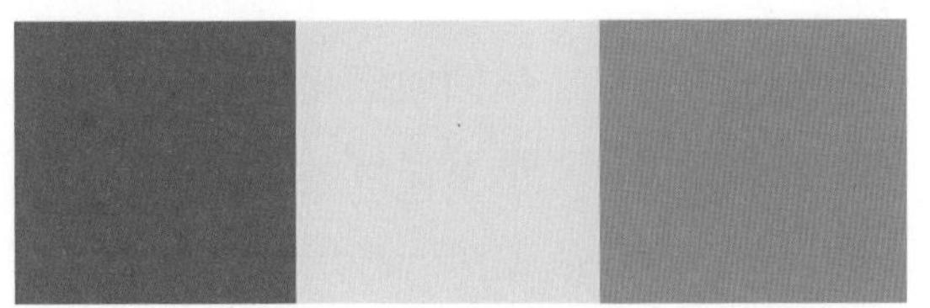

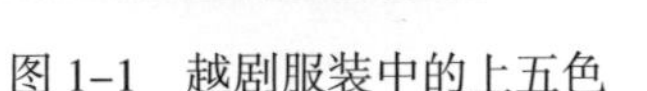

图 1–1　越剧服装中的上五色

图 1–2　越剧服装中的下五色

中华人民共和国成立以来，我国越剧文化不断繁荣发展。越剧服装经过接续创新发展，在服装色彩上也有了新的尝试，形成了新的色彩风格。越剧唱腔婉约、善于抒情，为了表现其善于抒情的特点，色彩上用了很多上五色和下五色以外的很多中间色，越剧服装色彩也较为清新、靓丽、淡雅、柔美。越剧服装色彩设计中间色的运用，见图1–3。

图 1–3 越剧服装色彩设计中间色的运用

另外，越剧服装色彩设计要处理好服装色彩与背景色调的关系，这样才能更好地运用服装色彩，美化舞台效果。例如，当背景蓝色调出现时，越剧服装应尽量避免使用大面积的蓝色调，否则会与背景色混淆不能衬托出人物；如果是在冷色的背景下，越剧服装的色彩应该倾向于暖色，以表现舞台上人物的生动形象。服装的整体色彩也要在背景色下保持对比和谐的关系，只有这样，整个舞台的色彩才能显得丰富多彩，使每一种色彩都有充分的表现力。

（二）越剧服装纹样设计

纹样设计在越剧服装设计中占有重要地位，以越剧戏服为例，有绣工的戏服约占戏箱总戏服的80%以上，可见越剧纹样的重要性。中国越剧服饰中的图案纹样多以写生为主。以简代繁、虚拟写意是越剧服装图案设计的艺术特色。纹样类型包含丰富，如有百兽纹：龙、狮、麒麟等；百鸟纹：凤、仙鹤、雁等；百花纹：牡丹、松、竹、梅、兰、菊等，以及八吉祥、八宝、八仙、福、禄、寿、喜等图案都是服饰常用的题材。纹样设计线条流畅，色彩复杂鲜艳，图案繁缛纤细，层次精致丰富。越剧服装中的纹样线稿图例，如图1–4及越剧服饰纹样表1–1所示。

图 1–4 越剧服装中的纹样设计线稿图例

表 1–1 越剧服饰纹样设计

越剧服装纹样类别	代表纹样造型	纹样寓意	纹样布局	纹样刺绣样式
百兽纹		传统纹样中，龙不仅是皇权的象征，更代表着江山社稷和中华民族的精神，具有驱邪的寓意	团花、折枝花、散摆花、边饰花、角隅	
百鸟纹		凤象征吉祥、喜庆和爱情，被誉为鸟中之王。凤凰形象在戏曲服饰中也得到了充分的运用。鹤象征着人物的长寿	团花、折枝花、散摆花、边饰花、角隅和铺地锦等	

续表

越剧服装纹样类别	代表纹样造型	纹样寓意	纹样布局	纹样刺绣样式
百花纹		梅兰竹菊象征人物品质高洁	团花、折枝花、散摆花、边饰花等	
团花纹		牡丹象征着富贵	团花、折枝花、散摆花、边饰花等	
吉祥纹		“寿”字象征长命百岁；“蝙蝠”喻为福在眼前	团花、折枝花、散摆花、边饰花、角隅和铺地锦	

越剧服装纹样的布局艺术也是构成越剧服装多姿多彩的重要因素。越剧服装纹样布局大致分为团花、折枝花、散摆花、边饰花、角隅和铺地锦等，有的单独使用，有的是两种或两种以上的使用，充分体现了服饰纹样的形式美。

越剧服装中纹样的呈现表达方式多为刺绣，因为这种工艺能突出图案造型的立体感。精湛的刺绣艺术是我国历代相传的工艺之一，是传统越剧服饰设计制作中最重要的工艺过程，所谓“三分画，七分绣”就是这个道理。同样绣一只凤凰，配色、针法技艺的不同，绣出来的效果也不同。

（三）越剧服装结构设计

中国古代服装多为平面裁剪结构，前后衣身和袖身一般为整片相连的结构，服装上很少做结构或造型的分割处理。尤其是明代以前，服装结构多为十字型结构，服装表面的分割线多是由于布幅不够，或是为了节约用料，利用下脚拼接而形成。传统越剧服装结构借鉴来源于我国宋代、明代的民间传统服饰居多，并在此基础上结合舞台表演效果加入了水袖、飘带、靠、旗等结构（图1-5），使其更具有写意性和可舞性。越剧服装在结构上具有程式化的特点，以165/92A的越剧服装结构设计为例，其各部位的尺寸都为确定的，如：通袖长203cm、衣长145cm、胸围120cm、袖口宽72cm、领宽9cm、领长100cm。

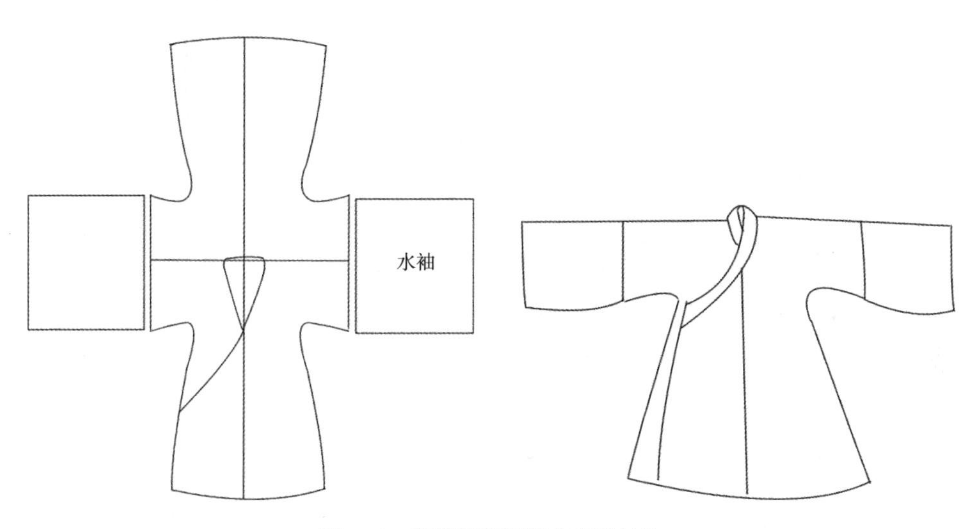

图 1-5 传统越剧服装十字形结构

（四）越剧服装面料选取

在传统越剧舞台服装造型设计中，服装使用的面料以绸、缎、绉、纱等为主。使用不太反光的面料在舞台表现上效果很好，丝绸轻盈飘逸，做成水袖长衣更具可舞性；缎类面料色彩明亮艳丽，在舞台灯光衬托下更具有华丽感。另外，为了突出图案，需要在服装上辅以金丝线、银丝线，或者通过绣出精美图案彰显浓郁的民间气质与民族气息。

三、小结

越剧服装是中国传统服装中的重要瑰宝，其审美特征是当时时代风貌、民族风貌、地域风貌的集中体现。越剧服装经过百年的发展创新，已经形成了其独特的服装设计审美特征。其在色彩设计上清雅、淡丽；在结构设计上采用了中国传统中式裁剪，多为十字结构、一体结构；在纹样设计上多采用中国传统吉祥纹样，如兽纹、鸟纹、植物纹等，借以表达美好寓意。

当今世界正处于大变革时代，中国文化有其“走出去”“走向世界”的必要性和必然性。中华民族几千年博大精深的历史文化，为我们留下了无数宝贵遗产，越剧服装就是其中一部分。越剧服装发展，一方面我们要尊重艺术传统，一方面又要根据剧情、人物身份、性格的具体要求大胆变通，敢于探索和创新。这样越剧服装艺术才能不断得到弘扬，这一独特的民族艺术才能源远流长、永放光辉。

第二节　越剧服饰发展历史研究

越剧服饰历史研究主要从落地唱书时期、小歌班时期、越剧服饰孕育时期、新国营时期及越剧服饰现状进行，从每个时期的服饰款式、面料、色彩、纹样等几方面进行整理、总结。

一、落地唱书时期

落地唱书时期指越剧在萌芽时期的一种沿街说唱形式，流行于19世纪中叶的浙江嵊州一带。在遭受自然灾害的年头，为养家糊口，民间艺人擅长以唱小调的形式沿街卖唱，即兴随意。曲调好听，内容深入人心，广受欢迎，易被传唱，这个时期被称为“落地唱书”时期。

越剧发源于乡野农村，表演形式为沿街卖唱，然后进入乡镇茶馆厅堂做商演，但此阶段并没有专做演出的服装，着装多为当时生活中常穿的小衣小裤的朴素清服，说唱表演时的服饰与家常并无多少区别。

在“沿门卖唱”和“落地唱书”阶段，受条件所限，民间艺人通常穿着日常生活中的便衣说唱，谈不上戏服行制，如图1–6和图1–7所示为当时的道具和服装。

图 1–6 落地唱书时期主要道具（钿褡和长烟盅）

图 1–7 20 世纪 20 年代初白玉梅戏用服装（大红绸地真丝罪衣罪裤）

概括总结落地唱书时期越剧艺人打扮，如表1–2所示。

表 1–2 落地唱书时期越剧艺人打扮

角色	主要打扮
书生	借用生活中秀才帽、瓜皮帽、竹布衫、绸长衫
士绅	借用生活中彩缎长袍、扎脚裤、黑缎马褂
官宦	借用庙里的木偶神像的蟒袍等
女角	穿生活中的竹布裙、衫和“嫁时衣”的彩绸衣、花裙

1906年3月27日，在当时的嵊县（现嵊州市，隶属浙江省绍兴市）东王村，李茂正等四人借用四只稻桶垫底铺门板做台演出小戏《十件头》等，这被视为是越剧第一次登台试演，越剧从此诞生，只是在当时还不称越剧。当时，艺人们在台上一人一角，穿上借来的花布衫、竹布花裙做成的简易戏曲服装，男角多不化装，当男艺人需要扮女角时，把脑后的辫子散开，梳成女式的发髻、涂胭脂和“燥粉”（干铅粉）。有的草台班女角化妆，在两颊用红蛋壳或者红纸用水弄湿来当腮红搽，或用锅底灰画眉，有时甚至不画眉，这样的打扮称为“清水打扮”。后来艺人们需要演古装戏时，则直接仿效绍剧的传统样式

图 1–8 越剧诞生时演出所用化妆品

袄、衫、蟒等，化装时用水粉抹脸，红胭脂点色，用墨膏描眉眼，大面需要开脸、丑角画白鼻梁等，此时的装扮都原版照抄绍剧，并无自己的特点。如图1–8所示为嵊州越剧博物馆陈列的越剧诞生时演出所用化妆品。

二、小歌班时期

“小歌班”时期，演出形式开始出现草台表演，角色只有“小旦、小丑和生”，当时主要以男演员为主，他们身着当时流行的阴丹士林布做的随身布衣和普通的裤子，女演员穿着布衣和花裙，也会穿袍子和马褂，而年轻的妇女，更喜着短袄和长裤。阴丹士林布颜色深浅都有，而且面料比较挺括，能有造型感，是当时备受欢迎的“因陋就简”的着装布料。20世纪20年代学京剧扮相，包大头，但最初没有正统的“头面”，就用木制和铁皮做成的定型水片，来装扮自己，很少用全副头面来装饰演出。

1917年，以袁生木戏班为首的艺人初闯上海滩，随之，大批艺人抱着百折不挠的精神，创作了《梁祝》等一批新编剧目，这一批剧目取得了良好的演出效果，得到了观众的高度认可，凭借这次的改革，艺人们逐渐在上海扎下了根，为日后的发展奠定了坚实的基础，如图1–9所示为上海小歌班时期的艺人合影。发展到小歌班后期，男班艺人将剧种改称绍兴文戏，并且向绍兴古装大戏借鉴，为了适应在城市环境的竞争中生存，及时地改变了剧种太过单调的现状，他们吸收借鉴京剧、绍剧的表演程式，因此服装也多向京剧班子租借，款式多以袄、衫、莽、靠、箭衣为主，放在篾篓里形成最早的衣箱形式。

通过对当时经典剧目《珍珠塔》的影评资料以及演出画报的研究，此阶段的越剧服饰款式与京剧无异，头饰的装扮繁复，服饰的色彩十分鲜艳，大多采用饱和度较高的颜色，如丫鬟的服饰鲜艳的绿色与黄色搭配太过生硬，没有柔和感，与主人公的层次不能很好地区分开来。此时的纹样在配色上也不能做到整体的协调，整个场景的设计尚不能分出层次，也不能很好地融合。如图1–10

所示为当时《珍珠塔》演出画报。

图 1-9　上海小歌班时期艺人合影

图 1-10 《珍珠塔》演出画报

三、越剧服饰孕育时期

1922 ~ 1937年，这一时期越剧进入“绍兴文戏时期”，在这之间，1924年第一个越剧女班进入上海，并且在周边各大城市都有演出。此时因上海京剧衣箱制度的影响，主演和群演的服饰开始有了区分，主要演员穿有自己负责的“私彩行头”，而群演则穿由班主租赁的“堂中行头”。

女子科班的开设，与“五四”时期戏曲改良和妇女解放思潮的影响不无关系。1923年之前，绍兴文戏是由清一色的男子扮演，1923年嵊县王金水和艺人金荣水在嵊县施家岙村办起第一个女子科班，这是轰动当时社会的新鲜事。

辛亥革命推翻了封建王朝，五四运动后，嵊县与全国一样掀起新文化运动，提倡民主，争取自由和妇女解放，许多妇女冲破封建牢笼走上社会。在此热潮中，女戏班应运而生。而后在1938年后因女班扮相较男班俊美、曲调流畅，逐渐取代了男班。

1938年后以姚水娟为代表的“改良越剧”开始进行改良，在新编古装戏的表演形式中，以古代生活中的装扮为主，向留存下来的古装仕女画中寻找依据，艺人们利用自身长长的辫子，前额美丽自然的刘海，耳旁薄薄的鬓发，开始创造越剧旦角中特有的古装发式与头饰。

而在越剧服饰方面有着巨大影响力的改革是在1942年以袁雪芬为代表的“新越剧”开始实行的这一改革。倡导的“新越剧”改革，是在上海这一中西文化交融的十字路口，在中西戏剧交汇背景下的“选择性的重新建构”。在当时，越剧人物服饰造型没有确切的规范性，缺乏程序性，没有自己独特的设计，拥有很大的创新空间。在这一改革后，越剧服饰有了自己的特色，不再照搬套抄京剧的形式，逐渐形成了清新淡雅的特点。

越剧服饰在设计上强调历史时代感，强调写实性，面料使用花布、绸、缎、纱、纺等。装饰图案改变了过去浓艳及繁杂的风格，以简洁、素净为主，以回纹、云纹居多，主要集中在门襟、领口和袖口；而绣花的方式也经过改革，是先把花纹绣在较薄的小纺上，独立的一块，哪件服装需要，则把它缝制在上面，可以多次拆装，便利了纹样的制作。配色以衣箱常用的 “上五色” “下五色” 为基础搭配。在款式上，帽饰在传统的基础上对盔帽进行革新，增加新材料对其进行装饰，比如将乌纱帽帽身、帽翅用水钻装饰，并且应用点翠的工艺来绘制纹饰。头饰由繁变简，不再是京剧中华丽的设计，而是变得清新，简洁无华。

在大来剧场演出的《木兰从军》是服饰改革的代表。从图1-11《木兰从军》当时的剧照看，剧中木兰等女艺人的发饰变得简洁，不再如过去般复杂，服饰也参考了木兰生活的年代——北朝，而北朝的服饰中，女子一般穿窄袖紧身的衫襦，领子以对襟为多，领边为与大身不同颜色的领贴。演员们的服饰此时开始按朝代设计，但此时设计师们片面追求历史的、生活的真实感，而容易忽略了作为舞台表演的可行性和演出效果。

图 1–11 《木兰从军》剧照

在20世纪40年代后期，越剧服装的改革，总结各种成败的经验教训，才逐步形成了自己的风格。60年代开始，衣料选材上也采用新产品，服装设计和款式方面也逐渐拓展，绣花工艺逐渐被绸缎纹饰所代替，又增加了云肩、飘带、项链、水钻等，越剧靴则以云鞋、平底鞋（图1–12），或者一寸高的靴鞋为主。有的小旦演员为弥补身材过矮，在鞋内垫高跟。服装的改进，大幅提升了越剧的演出效果。图1–13为水钻装饰的帽式。

图 1–12 20 世纪 60 年代史翠贞绣花草纹湖绿色真丝素绉缎地彩鞋

图 1–13 高剑琳水钻黑色板翅帽

概括总结越剧服饰孕育时期服饰的主要变化，如表1-3所示。

表 1-3 越剧服饰孕育时期主要变化

面料	花布、绸、缎、纱、纺等成品
纹样	不再浓艳及繁复，多以写生为主，有龙、狮、麒麟等的百兽图；凤、仙鹤、雁、白鸟等的百鸟图；有牡丹、松、竹、梅、兰、菊等的百花图，以及八吉祥、八宝、八仙、福禄寿喜等图案，其他或以回纹、云纹简洁的纹样为主
款式	按朝代设计，以明代款式为主
色彩	“上五色”“下五色”基础搭配
头饰	乌纱帽用水钻装饰，发饰改头面为髻发，头饰由繁变简
戏靴	穿高靴、云靴，或一寸左右（约 3.33 厘米）的鞋，或在鞋内垫高

四、新国营时期

中华人民共和国成立后，在党中央“百花齐放，百家争鸣”文艺方针指导下，越剧进行了“改人、改制、改戏”的三改活动，越剧在剧目和表演方式上有了更大的发展，舞台艺术形式进一步完善。原来的服装设计都是由设计布景的舞美设计师兼任，从1955年开始，有了专职服装设计师，如上海越剧院的陈利华。1956年上海的民间越剧团改为“新国营”后，戏服统一由公家制作保管。在越剧逐渐扎根上海后，经过城市文化的熏陶及一系列改革，原本带有浓厚乡土气息的越剧，逐步发展成熟，乡土气日渐蜕化，形成适应市民欣赏的世俗品格，风格逐步倾向雅化。

越剧服饰根据剧目中人物形象量身定做，从我国传统人物画特别是仕女图中寻找借鉴，来源于历史生活服装，以明代款式居多，并在传统服饰基础上加以变化，带有历史时代感，体现服饰写实性。写意性是中国戏曲的核心美学原则，越剧服饰也追求写意美，强调“重神轻形”。越剧服饰的创作元素是在生活服饰的基础上，根据舞台表演的特色进一步提炼。

此时越剧服饰开始体现程式化，演员的穿戴需符合表演的人物的身份，如老旦穿百褶裙，小生穿褶子等，皇后、公主角色的穿戴及凤冠色彩需按照上五色色阶等级设计制作，如图1-14所示。服饰上的设计主要是为了舞台可舞性，蟒、褶服饰采用开衩式，裙大多做成百褶式，这些设计能更好地让演员完成踢腿、翻身等大幅度的动作，如图1-15所示。头饰改革了传统固定头面物的模式，引用古代步摇、花钿等，演员在步行或动作时会有一步一动的效果，增加了舞台效果。面料则采用反光性不强，轻盈且透光性好的乔其纱、绸、真丝、绉、尼龙纱等。在款式轮廓方面不局限传统戏曲服饰H型的造型，加入收腰、分省的设计，突出人体曲线美。纹样的运用上除了传统的图案，又采用夸张变形手法，创造出水纹、火纹、动物、植物图案的变形纹样，其他还有回纹、几何纹等新型纹样的出现，工艺上，纹样采用刺绣方式。总体上追求淡雅、简洁的造型，另外又能突出剧中人物的性格特点。

图 1-14　1990 年明黄色化纤仿真丝双绉地皇后套装

图 1-15　20 世纪 80 年代王玉萍绣龙纹绿色真丝素绉缎地蟒袍

五、越剧服饰现状

作为越剧舞台艺术的重要组成部分，越剧服饰从落地唱书时期到现在也经历了多次的改革，发展到现在，形成了越剧服饰独有的轻柔淡雅的风格。首先，从色彩、面料、结构和图案等方面梳理越剧服饰。

（一）色彩

首先从色彩上，现代越剧服饰多采用中间色，在传统戏曲服饰色彩的上下五色的基础上，配色采用互补色之间加上中间色，形成和谐的色调。这是其中一种技法——调和色彩，根据服饰款式、面料等的不同，调整颜色的色相、明度和饱和度，来达到视觉的协调，最大程度上体现角色的特点；另一种技术是使用对比色，可以采用明暗色对比、亮色对比或主辅色对比。一般对比色的运用最重要的是为了突出人物的形象和性格特点。例如在剧目《乌衣巷》中如图1–16和图1–17剧照所示，为了体现剧中人一开始的青春活泼之感，服装色彩的运用重点是清和淡，因此，设计师提高了男女主角王徽之和郗道茂的人物造型亮度，并以白色、蓝色和嫩粉为主要依据，服饰上的绣花的色彩也与主基调色互补，而其他角色的服饰也与白色相之呼应，但色彩饱和度相对较高，与男女主角区分开来，形成一个系列，整体和谐，如图1–16、图1–17所示。

色彩的运用上，越剧蟒袍相对之前也有了改革，开始参照历史典律和官阶运用色彩。

图 1–16 《乌衣巷》女主角与其丫鬟

图 1–17 《乌衣巷》男主角王徽之

越剧《春琴传》中也很好地体现了当代越剧舞台上对服装色彩的设计运用重要性，使舞台上活动的人物和背景间构成一幅幅美丽的，可移动的视觉画面，使观众受到美的感染，如图1–18、1–19剧照所示。服装设计师王秋平根据角色关系划分颜色，刻意区分主角与配角，在舞台上创造出丰富的色彩层次。在《赏梅》这一场中，主要角色春琴和佐助的主仆的造型色彩饱和，并且通过在服装上大量的白色做调和，使其成为舞台上最亮的色彩层次，也成为舞台视觉的中心；剧中富家子弟利太郎的服装色调以黑色作为主色调，对舞台上画面整体造型色彩有稳定作用，也与舞台上最暗的层次舞台背景造型中梅枝的墨色相呼应，这是其他剧中人物艺妓的服装色彩都运用橘色系同类色，所以人数虽然很多，但不会显得突兀，能很好地融入大环境之中，形成舞台上的中间层次。在每个层次之中用少量的饱和色做小面积对比处理，突出人物造型的靓丽感，同时也不会造成视觉上的混乱。春琴和佐助的造型虽为“情侣”装模式，但春琴头上的发簪和绢花、身后的太谷结，以及肩部和衣襟上的小面积层次均为靓丽的粉玫红，与佐助的衣帽和自身衣襟层次中的绿色形成冷暖对比，但都控制在冷色中，形成清冽娇艳的视觉观感；利太郎黑色的服装与大红的帽饰和下摆内露出的大红缎子裤裙及金色里料对比强烈，视觉感受犀利而张扬，反映出人物的个性。《春琴传》的视觉设计参照了浮世绘的艺术特征，空旷透彻的舞美设计与清丽明艳的人物造型互为底图，层次明快，相得益彰。

图 1–18 《春琴传》男主角身穿绿色戏服

图 1–19 《春琴传》女主角身穿红色戏服

（二）面料

在面料上的改革也至关重要。现代越剧服饰面料采用具有吸光性较好的乔其绒、光明绒等，采用这些面料可以保证舞台上的色彩比较真实稳定，给观众最好的视觉感受。而对于面料的运用也有了创新，在《西厢记》中首次尝试富有层次感的面料的运用，将有悬垂性的透明面料用于扩展服装的层次感和用略硬的双宫绸以体现服装的廓形，在舞台光线下，面料之间形成层次感，营造仙境的氛围。在《西园记》中，小生的衣料采用光明绒花纹，再用金、银绒代替绣花。在服装细节上举例，比如在越剧蟒袍的衬里，使用麻衬里，使前后挺阔。衬布用于上臂夹，衬绸用于下臂夹，使其更柔和。越剧靠的衣料不再采用大缎，而是采用缎背绉以及丝绒等不反光面料。

（三）款式

现代越剧服饰由古装衣、越剧蟒、越剧靠、越剧云肩、褶子与帔、越剧盔帽以及越剧靴鞋组成。古装衣是越剧的特色服装，其特点为裙长衣短，胸腰收紧，形体分明，上衣由水袖和云肩或飘带组成；越剧蟒以明代官服为依据，追求领圈、水甲、纹样的统一。现代越剧蟒与传统的有很大的区别，整件夹里分割为前后和衣袖，“蟒”的“摆”尺寸缩小，或者去掉摆；越剧靠不再采用双层靠肩，靠肚由平面改为围腰的“腰包”，靠衣都用甲片。有了设计人员后，又对头饰专门进行了设计和制作，送样到戏服厂定制；在女装结构处理上，有平裁、斜裁，有褶裥、无褶裥的差异，领边处理上控制在两寸左右，通过结构的省和分割的运用，使其更加凸显女性的柔美形体。

按照越剧角色来说，越剧小生的通勤服装以褶子和帔为主，如图1–20所示；旦角的主要服饰主要是古装衣；老生的服饰多为H型直筒对襟褶子，连体宽松袖子外接白色水袖，其衣身长度正好遮住脚背，在色彩和纹样的运用上常常与老旦相配伍；丑角服饰以X型为主，上下装分开，上衣一般刚好可以遮住屁股，连体较宽松的袖子长及手腕，极少数正好遮住手掌，裤子或袄裙长及脚踝。

以剧目《穆桂英挂帅》为例，如图1–21所示，穆桂英头上戴的蓝色盔帽来源于京剧的盔帽，但又比京剧中的盔帽要素净简洁一些，两根雉尾翎和粉色丝绒球加以点缀，刻画了穆桂英刚中带柔的人物个性。X型白色蓝纹绉料女靠上

图 1–20　越剧褶子

图 1–21 《穆桂英挂帅》剧照

缀有红色的流苏，外围一圈靠领，改良女靠上的纹样均为对称设计，蓝色的纹样与蓝色的盔帽相统一、相协调，较宽松型的连体袖于袖口收紧，外套一对袖靠，下围靠肚和腿靠，保护下身的同时方便活动。女靠外披着白色绣花斗篷，增添了穆桂英的英气，凸显了她的大将之风。

（四）纹样

中国的图案纹样从古至今有着很多的变化，直到现在。越剧服饰上的纹样的大致分类如下：传统纹样如龙、凤、麒麟、虎和云纹等；吉祥纹样如双龙戏珠、凤穿牡丹等有着吉利喜庆意味的图案以及包括岁寒三友、梅兰竹菊四君子等借喻类图案；宗教纹样如太极八卦类；象形纹样如火纹等这四类。以越剧旦角的服饰纹样特征来讲，闺门旦、花衫、花旦多用花型图案，比如兰花、牡丹、菊花等，这些图案一般排列在衣摆和角落；丑旦则是绣圆形团花纹样；花旦、悲旦多以二方连续的缠枝纹样，如缠枝莲、缠枝牡丹、缠枝草蔓等。现代纹样的工艺上，一般有刺绣、贴花、印花、网眼雕花等。常见不同角色的越剧服饰纹样使用情况如表1-4所示。

表 1-4 常见越剧服饰纹样使用情况

角色行当	纹样
帝王、王族	 行龙 　正龙
皇妃、公主	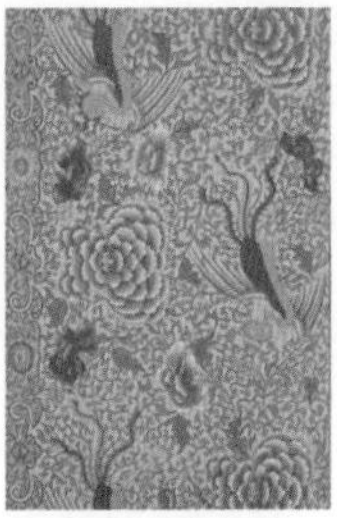 凤鸟、牡丹

续表

角色行当	纹样
老年角色	 八宝（和合、鼓板、龙门、玉鱼、仙鹤、灵芝、罄、松）  福禄寿
武行	 动物变形图案
文行	 花草变形图案，兼用回纹、云纹、几何纹

现代越剧服装的款式、面料、图案设计更具诗意，追求更高层次上写意与写实的结合，更增添阴柔之美，产生梦幻的意境艺术效果。图案进行意象化处理，使服装更具有装饰性，抑或具有现代感等。现代越剧在妆容上更加地提升，吸收了美容方法，如涂粉底、加亮肤色、画眼线等，灵活运用现代化妆品，并与传统手法相结合。新时代各种文化元素混搭杂糅，使越剧服饰更是积极主动地寻求与时尚元素的对接。

六、越剧不同时期服饰特点小结

越剧不同时期服饰小结如表1–5所示。

表 1–5　近、现代越剧不同时期服饰特点

代表时期	近、现代越剧不同时期服饰特点		
落地唱书时期	男艺人	男角扮书生、公子时，借用生活中秀才帽、瓜皮帽、竹布衫、绸长衫；扮士绅时，借用生活中彩缎长袍、扎脚裤、黑缎马褂；扮官宦时需要借用庙里的木偶神像的蟒袍等	
	女艺人	女角化妆，两颊用红蛋壳或者红纸用水弄湿来当腮红搽，或用锅底灰画眉，有时甚至不画眉，这样的打扮称为“清水打扮”	
小歌班时期	男艺人	款式	随身布衣和裤，后期借鉴京剧中的款式
		面料	阴丹士林布，颜色有深有浅，布质较挺括
	女艺人	款式	布衣和花裙，或是袍子马褂，年轻女演员喜着短袄长裤，后借鉴京剧中的款式
		面料	阴丹士林布，颜色有深有浅，布质较挺括
孕育时期	色彩		以衣箱常用的“上五色”“下五色”为基础搭配。上五色：红、绿、白、黑、黄；下五色：紫、粉、蓝、湖、香
	款式		总体按朝代设计，其中帽饰、头饰等增加新的材料进行装饰，如水钻等；鞋靴则以云鞋为主，不再照搬京剧中的高靴
	纹样		以回纹、云纹居多，主要集中在门襟、领口和袖口，不再繁复、艳丽
	面料		使用花布、绸、缎、纱、纺等
新国营时期	色彩		按传统的“上五色”与“下五色”
	款式		开始进行服装结构上的变化，比如蟒、褶服装采用开衩式，裙大多做成百褶式，方便演员大幅度的动作。款式轮廓不局限传统戏曲服饰 H 型的造型，加入收腰、分省的设计，突出人体曲线美

续表

代表时期	近、现代越剧不同时期服饰特点	
新国营时期	纹样	除了传统的图案，又采用夸张变形手法，创造出水纹、火纹、动物、植物图案的变形纹样，又有回纹、几何纹等新型纹样的出现
	面料	多采用反光性不强，轻盈且透光性好的乔其纱、绸、真丝、绉、尼龙纱等
现状	色彩	多采用中间色，在传统戏曲服饰色彩的上、下五色的基础上，配色采用互补色之间加上中间色，形成和谐的色调
	款式	古装衣、越剧蟒、越剧靠、越剧云肩、褶子与帔、越剧盔帽及越剧靴鞋
	纹样	传统纹样、吉祥纹样、宗教纹样、象形纹样
	面料	采用具有吸光性较好的乔其绒、光明绒、绸、真丝、绉等，采用这些面料可以保证舞台上的服装色彩不受灯光照射的影响，比较真实稳定

第三节 越剧服饰角色文化及其数字化传承综述

越剧作为我国首批国家级非物质文化遗产，拥有“中国第二大剧种”和“中国歌剧”之称。越剧起源于浙江嵊州，发祥于上海，流行于浙江，繁荣于全国，流传于世界，在发展的过程中汲取昆曲、绍剧等剧种，经过近百年的发展和传承，尤其是在服饰方面形成自己的风格特色。越剧服饰能够很好地体现剧中角色的年龄、性别、身份、环境、性格等，便于进行越剧研究。在如今这个数字化时代，数字化传承或许是越剧服饰传承必然趋势。

一、越剧服饰角色文化研究现状

沈美娟发表的《越剧与其他剧种的区别》指出初期的越剧服饰发展并不完善，戏服多为借用，有些甚至直接穿戴生活服饰，直至1943年的《雨夜惊梦》越剧服装才开始拥有自己的设计。越剧服装大改革后，在款式和颜色上有了一定的突破，在常用的上、下五色规范中，大量添加使用中间色，在视觉上，强化服装的柔美感突出成就了越剧的柔美、淡雅、简洁的特色，在服装衣料的选材上，摒弃传统的中软缎，开始使用无反光的绸缎为衣料的主体，衬以丝绒、珠罗纱等材料，水袖使用无光纺，这使舞台上的服饰基本能保持本色。服饰设计在借鉴民间美术作品的基础上进行式样更新。后期，为了更好地塑造人物，增加了云肩、丝涤、飘带、项链等，越剧服饰自此开始变化丰富起来。

杨红玉发表《论戏剧服装设计》一文，文中强调和阐述了服装设计在解释人物和表现人物性格方面的重要性，观众往往可以通过服装的色彩、纹样来推测剧中人物的性别、年龄、身份等重要内容，有些好的设计能帮助观众了解人物的精神面貌。此外，服装还能帮助演员表演，以更加优美或独特的方式将故事呈现于观众眼前。

吴凤琴发表《浅说戏剧服装的造型》，文中在强调服装设计的重要性的同时，也指出色彩的特殊性和选择的科学性。由于戏剧服饰穿着场所的特殊性，使得服装在色彩的运用上也有所不同，服装色彩的选取不仅要考虑到舞台的风格和色调，还要与背景相对比，以更好地突出人物。在选择服装时，不仅要考虑角色动作需求，也要考虑服装成本。

庄树弘在发表的《浅谈戏曲服装的审美特征》文章中阐述服饰通过写意表现主人公的地位、身份、心理，刻画人物丰富的情感变化；服饰中夸张的纹样源于生活但又高于生活，这是对艺术的升华；服装是依托人物形象造型的稳定的戏曲表演艺术形式，与表演艺术融为一体。戏曲服装涵盖古今，浓缩历代服饰精华，形成独具特色的美，为人们创造了一个精神家园，陶冶灵魂，抒发性情，美化生活。

韦建美在发表的《戏剧服装的“语言”特色》中清楚地指出了戏剧服装的面料、纹样、色彩、结构包含着“时代特性”“社会地位”“生活阶层”“人物性格”等，为了在一出戏的有限时间和空间里，准确地将此表达出来，需要对戏剧服装的“语言”内容加以研究，更好地发挥服装“语言”在塑造舞台人物形象过程中的积极作用。在封建社会中，“龙”和“水蟒”的纹样代表着帝王将相的高贵身份，社会下层人物的服装是禁用艳色的。

（一）基于越剧小生特点及服饰的研究

杨丽莎发表的《越剧<血手印>服装色彩运用》以小生林招得开场时，身着鹅黄褶子，粉色镶边，渐变色长飘带，尽显书生的温文尔雅，简约飘逸；第二场，左右袖上印染出一组粗线条，形似手掌的血印，一目了然，鲜红色的色彩突出，直击观众眼眸；第三场，灰色衣褶，领口以黑色带有锁链条纹点缀，黑灰搭配透露出人物处境的灰暗；第六七场时，一身大红色罪衣罪裤，体现林招得含冤受屈，屈打成招，被判死刑的艰苦处境，得出戏曲服装构成的五大要素：款式、色彩、纹样、刺绣、面料，而色彩是服装的“灵魂”。

张筠发表的《红楼梦妇女服装色彩探析》中写道：贾宝玉常穿红色的衣服，在传统社会习惯中红色代表吉祥喜庆，而《红楼梦》中的贾宝玉身边充满着红色，他小时候住的地方叫“绛云轩”，在大观园的时候又住在“怡红院”，他也因此被人们称为“绛洞花主”和“怡红公子”，身上常穿红衣，头上常系红带、戴金冠红球，这昭示他荣国府贵公子的身份，同时也暗示了一份贾府上下对他的殷切希望。

（二）基于越剧小旦特点及服饰的研究

张丹丹发表《越剧花旦“女扮男装”的表演——以<沉香扇>中蔡兰英为例》，指出戏曲是一门综合性极高的艺术，以舞蹈化的形体塑造人物形象，虚实结合，将生活形态程式化、夸张化、美化之后呈现于舞台。蔡兰英是个“亦生亦旦”的角色，一袭粉色官服，缀以粉蟒，从造型上就暗示蔡兰英“女扮男装”的身份。故在服装上就不能按照一个真正的男人来进行设计，“女儿身”才是其本色。

刘晨晖、王蕾、崔荣荣发表《越剧传统剧中旦角的服饰类型与特征》一文，将旦角分为闺门旦、花衫、花旦、悲旦进行分析。闺门旦举止端庄大方、性格文静含蓄，色彩清新淡雅、纹样简洁，唯美考究，突出人物恬静秀美的性格；花衫综合了闺门旦的端庄大方和花旦的活泼俏丽，服饰色彩更加丰富鲜亮；花旦性格多天真烂漫，活泼开朗，聪明伶俐的少女，可分为小姐和丫鬟两类服饰，小姐的服饰与花衫的相似，丫鬟通常是坎肩与袄裤或袄裙相配，服装色彩一般根据小姐的服装色彩的变化而变化；悲旦命途坎坷，性格稳重，色彩以蓝、湖、绿、灰、黑、白为主，暗示人物性格和境遇，服饰风格以简单朴素为主，与花旦形成鲜明的对比。

（三）基于越剧老旦特点及服饰的研究

陈少君发表《对越剧老旦行当的理解》文章，评价老旦是“一树百花放”，老旦多以年龄、身份、性格、环境的不同而进行分类定位，既有富贵贫贱之分，也有文治武功之别。《红楼梦》中的贾母，既是封建家长的代表，代表着尊贵、权威，也是贾府中最高长辈，人物塑造上要体现出慈爱、宽容、开明、富有生活情趣等特点。《莫愁女》中的老太君是开国元勋的遗孀，在慈爱、宽容的同时又多了一份果敢与决绝。

（四）基于越剧丑角特点及服饰的研究

高璐发表的《浅谈越剧小花脸》文章提及“无丑不成戏”点明了丑角的重要性。越剧喜欢用诗意唯美的表演方式来演绎剧中的悲欢离合，除了一些特定的角色，大部分都不会勾脸。《红楼梦》里的刘姥姥，诙谐逗趣，质朴纯真，既表现出乡土气和也以初进大观园的大惊小怪，表现出她的大智若愚。

余岢发表的《京剧丑角：丑角不丑》明确告诉我们：丑角不丑！因为他们都是善良的人们，是人们在体验了正义与邪恶之后，对照着生活，根据戏剧需求再创造的美的形象，尽管他们的名字叫“小丑”。丑角可分为五大典型，一是《审头刺汤》中的汤勤为代表的奸诈、刁恶、卑劣的小人，是著名的“文丑”；二是以《三岔口》中的刘利华为代表的邪恶刁滑的人物；三是以高力士为代表的衣帽堂皇、艳丽，一派逍遥，面容从容，但滑稽、风趣中暗含其内心酸苦的一类；四是《蒋干盗书》中的以蒋干为代表的“方巾丑”，此类角色一般都是有一些文化，表面上文质彬彬，但身上带着点迂腐酸气；五是以《三盗九龙杯》中的杨香武和《盗甲》中的时迁为代表的“武丑”，扮演擅长武艺而性格机警、语言幽默的男性人物，因其偏重武工，也被称为“开口跳”，以牙功见长，多为神出鬼没的武林人士。

二、基于越剧角色文化的服饰数字化传承研究

顾天高发表的《黄钟大吕震颤心灵——为越剧老生郑曼莉塑造的“晋文公”喝彩》中可以看到小生与花旦争妍斗艳，大放光彩，成为越剧中一道永不消退的风景线，而越剧界的丑行、花脸的接班人寥寥无几，老生、老旦、彩旦等角色的“戏份”也越来越少，开始渐渐退出舞台。行当不全，后继无人是越剧艺术全方位发展的一大困境。郑曼莉塑造的晋文公的成功，告诉我们，越剧需要大胆的探索，为其增添新的魅力，创新是越剧服饰传承的必由之路。

程红发表的《要程式更要人物内涵》提到“注入新观念，创造新程式”，传统的程式是为了表现古人生活的，随着社会的进步，人们的生活方式发生了很大的变化，尤其是科技的进步，如果在此过程中，戏曲仍墨守成规，不思进取，只会被历史无情地淘汰，所以我们要不断地为戏曲注入新的观念，创新性地突破程式，这样才能贴近生活，保持活力。

裘洪炯在其发表的《越剧元素动漫角色造型设定研究》一文中指出越剧文化和动漫角色设定基本上处在两个平行线上，将越剧文化和动漫角色设定属于跨学科性研究。《梁山伯与祝英台》是仅有的将越剧与动漫相结合的现代动画，但此作品并没有展现出越剧所具有的民族文化韵味。越剧为动漫提供土壤和源泉，动漫为越剧提供新的传播途径。

周颖在其发表的《数字化背景下巴东堂戏的传承研究》一文中指出数字化技术在传承非物质文化遗产上有着独特的优势，对于越剧来说数字化传承或许是其必然的趋势。数字化传承不仅能缩小成本，减少浪费，还能完善保存空间，而且它不受形式、格式的限制。任何方式都只是手段，最最重要的还是对文化的继承和创新。

熊红云发表的《服饰图案的数字化保护和传承》一文提到数字化传承具有便于传播、便于再创造、保存时间长的特点。人们可通过自由选择数字化手段对传统服饰图案和传统文化进行相关体验。互联网时代，推广便捷，应用多种移动终端和社交软件都能很好地进行信息留存与传播。很多时候并不是人们“不喜欢”传统，而是没有接触过，是不了解，导致传统渐渐被人们淡忘，而数字化手段可以很好地弥补这一点。

三、小结

本节介绍了基于越剧服饰角色和基于越剧服饰角色数字化传承的基本理论现状。为按照角色分类对越剧服饰文化进行资料收集、结合经典曲目深入了解越剧服饰角色文化提供了理论支持，同时指出在如今这个数字化时代，数字化传承或许是越剧服饰传承的必然趋势。

第二章　越剧服饰结构设计

第一节　越剧小生服饰结构设计

一、小生褶衣结构特点

传统越剧小生服装，以褶衣为代表。是平民的服装，种类繁多，常见的为花色褶子和素色褶子。按照制作材质划分，大缎做得比较厚重的叫硬褶子，绉绸做的比较薄的叫软褶子。在越剧舞台上，穿绿花褶子的大多是为富不仁的公子哥或绿林人士；穿浅土黄色褶子，也叫老斗衣，是社会底层的老年人；穿青褶子（黑色褶子）、白色大领褶衣的是正直清贫的人物；穿蓝褶子配白色大领的，多是气质清高的文雅之士。

衣身整体设计是以宽松为主的长袍，衣身和袖子构成“十字形”结构，可以恰到好处地烘托出小生的风流潇洒、文质彬彬。袖子处水袖的设计，表达出文小生的书卷气，更加贴合形象。侧边采取开衩设计，更加方便行走。

本款越剧小生褶衣衣身结构为交领右衽（图2-1），受中国历来“以右为尊”的思想影响，中国历朝历代服饰变革上一直保持“交领右衽”的传统不变。而传统越剧服饰多参考了我国宋代、明代服装形式，继承了“交领右衽”服装形制，所谓“交领右衽”就是衣领直接与衣襟相连，衣襟在胸前交叉，左侧的衣襟压住右侧的衣襟，外观表现为“Y”字型。

二、小生褶衣尺寸表

成衣胸围120cm，衣长145cm，通袖长310cm，领宽8cm，水袖长55cm，水袖口围72cm，底摆宽90cm（表2-1）。

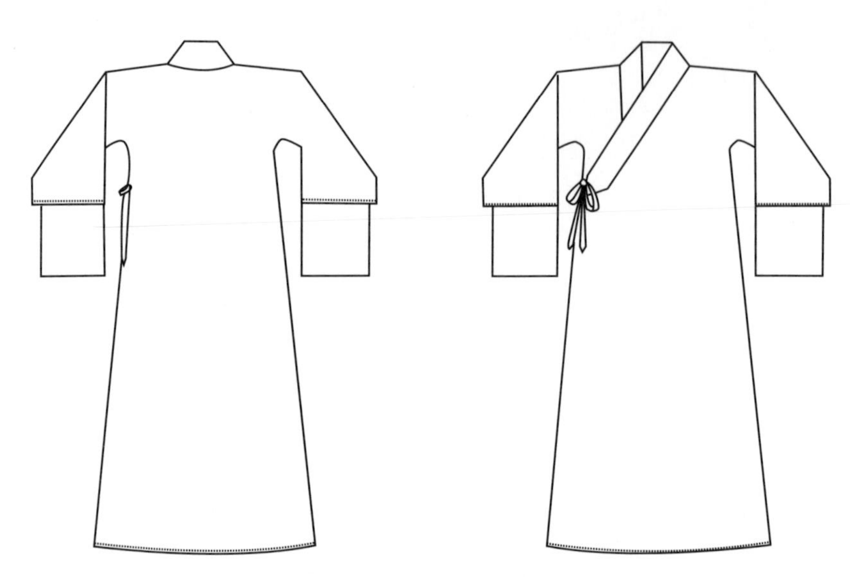

图 2-1 小生褶衣款式图

表 2-1 小生褶衣尺寸表 单位：cm

款式规格	胸围	衣长	通袖长	领宽	水袖长	水袖口围	底摆宽
尺寸	120	145	310	8	55	72	90

三、小生褶衣结构图

褶衣结构设计以170/88A人体模特为例，褶衣衣长145cm，胸围120cm，门襟宽8cm，门襟长110cm，左前襟掩向右腋系带，在腋下往下9cm处增加飘带固定服装，将右襟掩覆于内。领宽8cm，领长110cm，后领宽20cm。袖子通体长310cm，为增加舞台表演效果，越剧小生服装在传统褶衣上增加水袖的设计，水袖长55cm、宽72cm。裙摆宽90cm，侧边采取开衩设计，衩高85cm。整体设计显得小生的形象更加风流倜傥，气质出众（图2-2）。

四、小生褶衣工业样板图

小生褶衣工业样板图如图2-3所示，缝份均为1cm。

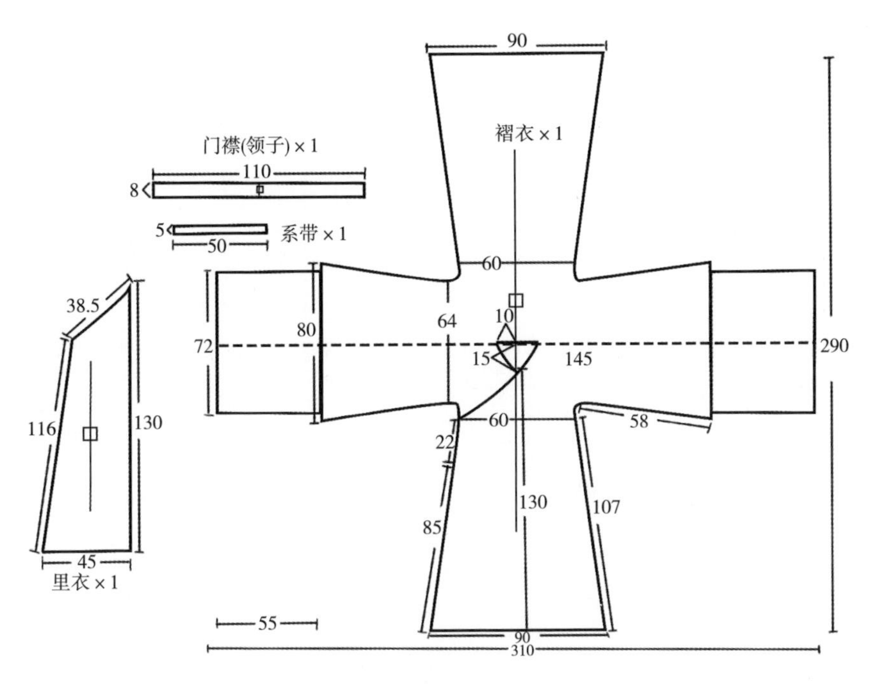

图 2-2　小生褶衣结构图

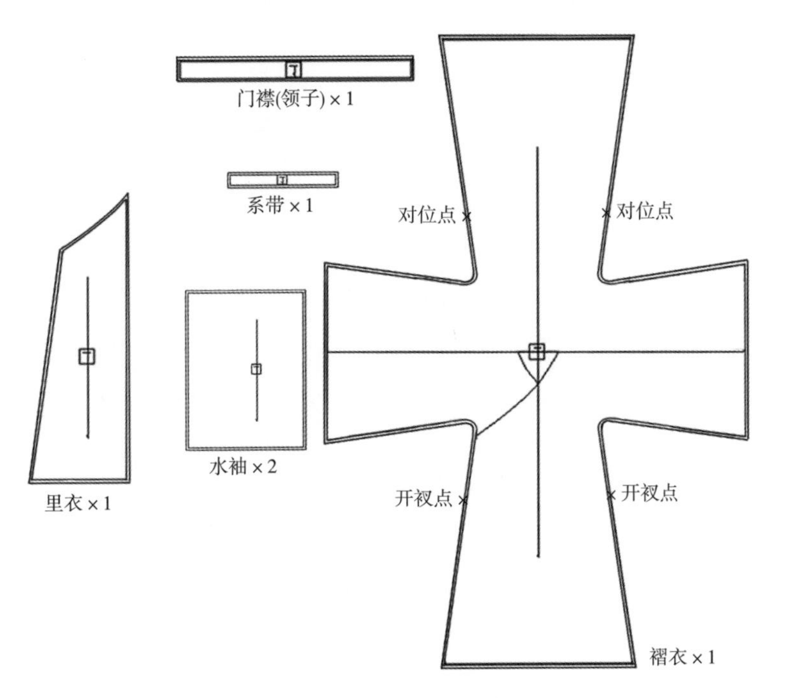

图 2-3　小生褶衣工业样板图

第二节 越剧花旦服饰结构设计

一、越剧花旦袄裙A结构设计

（一）花旦袄裙A结构特点

越剧花旦角色服装借鉴了明代女性服装中的形制搭配多着袄裙结构。为了舞台演出效果越剧花旦服装融合了中国古代仕女画中的服装造型搭配，如云肩、飘带等的加入，增加了服装的灵动和可舞性。

越剧花旦袄裙A采用上袄下裙的服装形式，上袄为直襟对襟或斜襟形式，整个结构分为领部、衣身、袖三部分；下裙借鉴马面裙的结构特点，主要由腰头、裙身两部分组成，如图2-4所示。

图2-4 花旦袄裙A款式图

（二）花旦袄裙A尺寸表

表2–2中，袄服胸围100cm，袄服衣长60cm，罩衣胸围120cm，罩衣衣长115cm，马面裙长90cm。

表2–2 花旦袄裙A尺寸表 单位：cm

款式规格	袄服胸围	袄服衣长	罩衣胸围	罩衣衣长	马面裙长
尺寸	100	60	120	115	90

（三）花旦袄裙A结构图

花旦袄裙结构以160/84女性为例，袄服胸围100cm，袄服衣长60cm，衣身底摆宽50cm。领子为交领右衽，领深15cm，领宽20cm。袄服袖子为微喇结构，袖口微微张开，肩线为水平线，袄通袖长200cm，袖口围46cm。在腋下点靠下9cm的位置做了系带设计，让服装能够更加合体，也用较为简单的方法，固定住了衣身，让衣身稳固，不会随意动，体现出古人的智慧。

外面是一件对襟外套罩衣，肩上的装饰，让花旦的角色更加地充满女性的魅力。罩衣衣长115cm，底摆宽95cm，通袖长200cm，袖口围74cm。云肩通肩宽88cm，前领深33cm，后领深44cm。罩衣外还增加了飘带，飘带长300cm、宽20cm。让花旦这个角色充满的仙气，更加受到欢迎和喜爱（图2–5）。

马面裙源于契丹，是为了便于骑马乘车演变而来的。穿着时褶在衣身两侧，裙齐腰高度以实际身材为准，以160/84女性为例，裙长90cm，褶裥5cm，裙围度为120cm。穿着时左右系带绕腰一周，绑紧腰部，打结系于前中心。外装饰腰封，腰封由内外腰带构成。小腰封宽6cm、长68cm；大腰封宽10cm、长70cm。

（四）花旦袄裙A工业样板图

花旦袄裙A工业样板图如图2–6所示，缝份均为1cm。

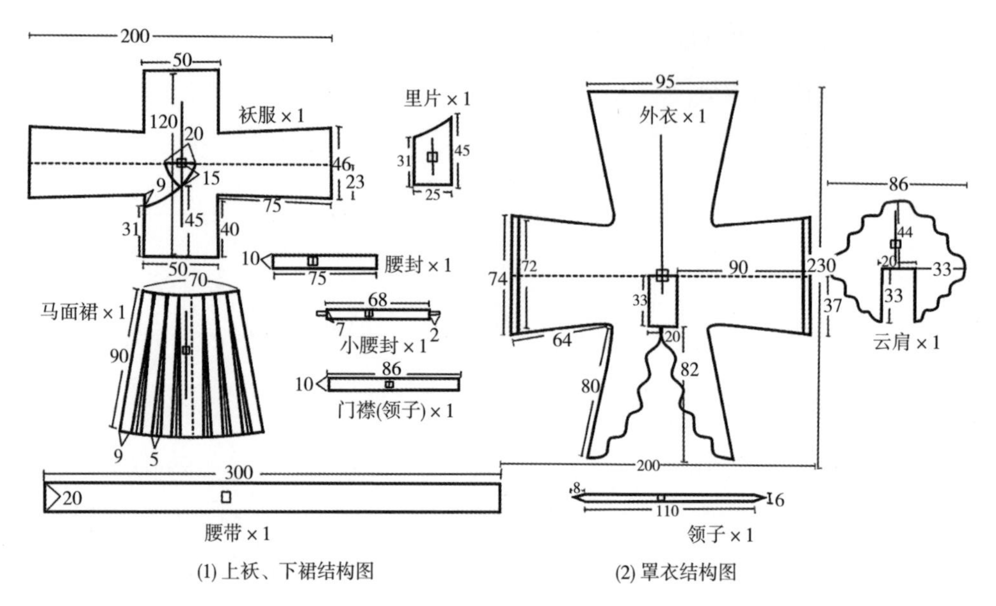

(1) 上袄、下裙结构图　　(2) 罩衣结构图

图 2–5　花旦袄裙 A 结构图

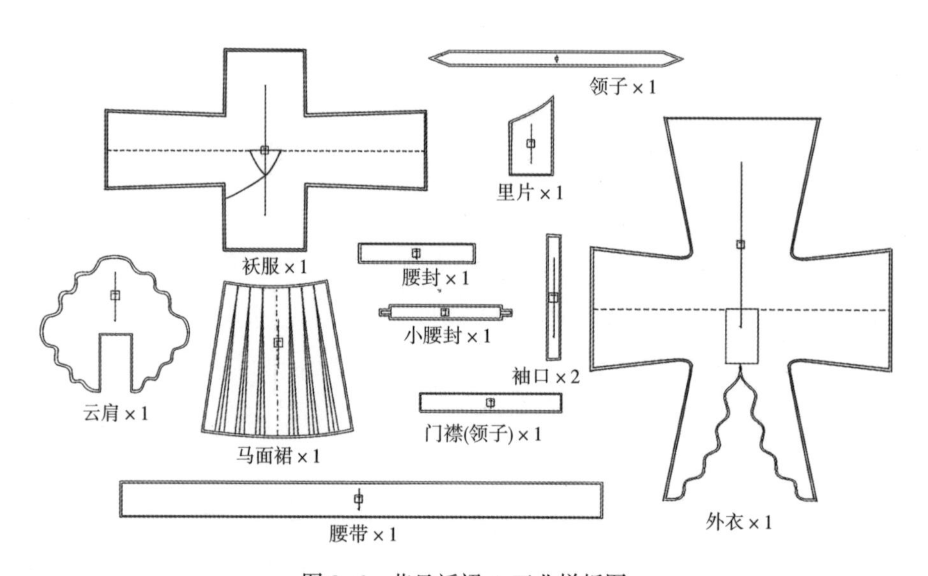

图 2–6　花旦袄裙 A 工业样板图

二、越剧花旦袄裙 B 结构设计

（一）花旦袄裙 B 结构特点

本款式结构采用上衣下裙的服装形式，连衣水袖配以云肩装饰，下身长裙上搭配有短裙、束腰带、佩、玉饰。短、长裙有折裥，如图2-7所示。其款式特点是裙长衣短，胸腰收紧，形体分明。

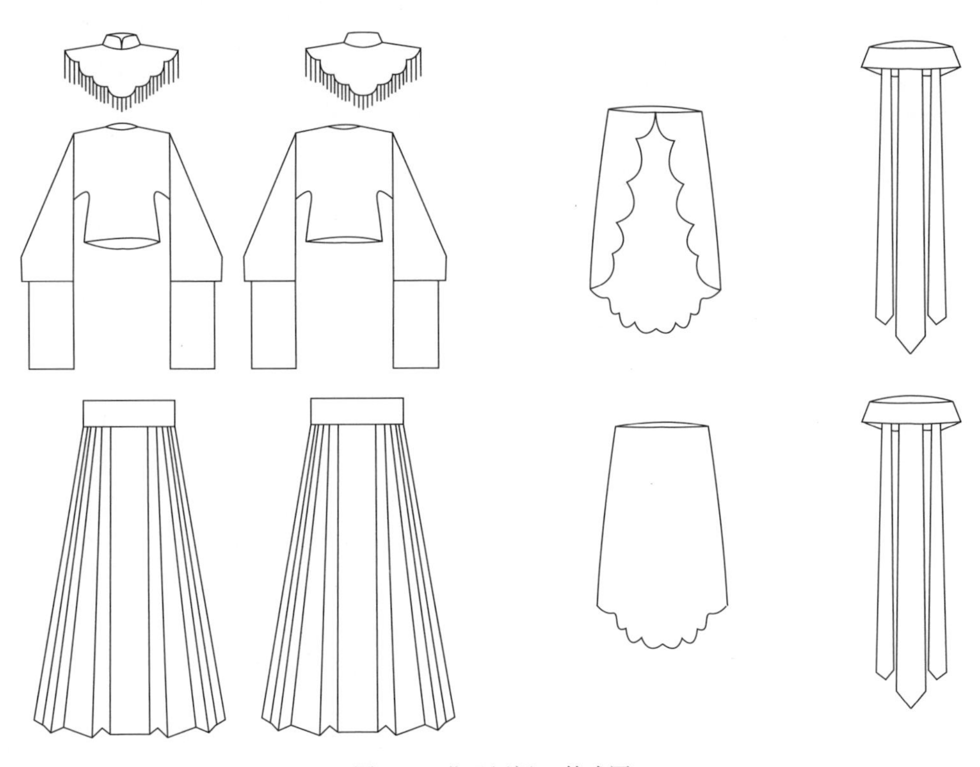

图 2-7 花旦袄裙 B 款式图

（二）花旦袄裙 B 尺寸表

表2-3中，袄服胸围112cm，衣长57cm，袖长128cm，水袖长55cm，袖口围72cm。

表 2-3 花旦袄裙B尺寸表 单位：cm

款式规格	胸围	衣长	袖长	水袖长	袖口围
尺寸	112	57	128	55	72

（三）花旦袄裙 B 结构图

以165/88女性为例，袄服结构领高5cm，领长37cm，衣身长57cm，胸围112cm，底摆平量50cm。袄服袖子为微喇结构，袖口微微张开，肩线为水平线，袄通袖长314cm，水袖长55cm，袖口围72cm，云肩整体宽56cm，云肩长56cm，如图2-8所示。

下身小腰裙宽69cm，最长处55cm，外缘做小波浪处理，增加裙身浪漫感。长裙裙长98cm，褶裥以5cm和8cm相间处理，裙围度为94cm。穿着时左右系带绕腰一周，绑紧腰部，打结系于前中心。裙外装饰腰封，腰封由内、外腰带构成。腰间的佩由大、小佩构成，大佩长65cm、宽15cm，小佩长63cm、宽5.5cm，增加服装飘逸感。

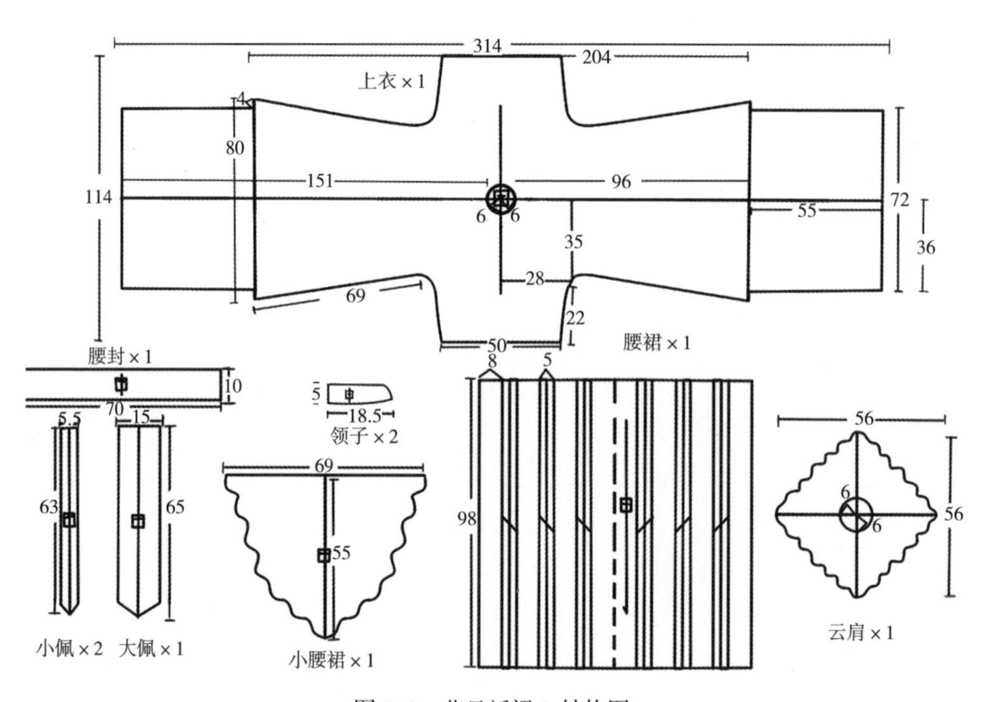

图 2-8　花旦袄裙 B 结构图

（四）花旦袄裙 B 工业样板图

花旦袄裙B工业样板图如图2-9所示，缝份均为1cm。

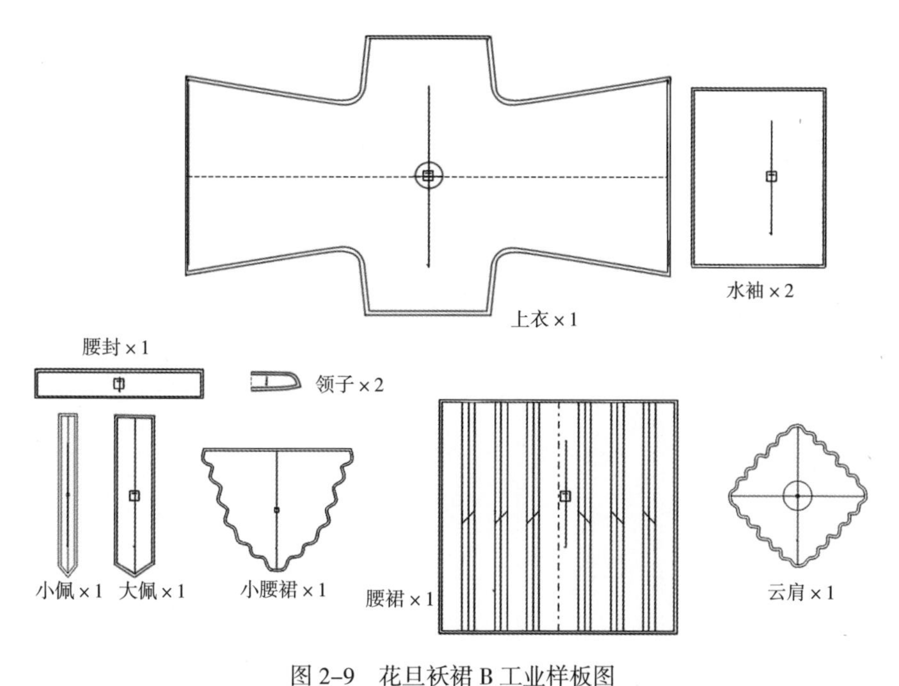

图 2-9 花旦袄裙 B 工业样板图

第三节 越剧正旦服饰结构设计

一、正旦褶衣结构特点

正旦又称青衣。在北方戏曲中多称为青衣，在南方戏曲中称为正旦，因所扮演的角色常穿青色褶子而得名。扮演的一般都是端庄、严肃、正派的人物，大多数是贤妻良母，或者是贞节烈女之类的人物。

正旦服装采用立领的设计方法，更好地表达出青衣角色的端庄、正派、严肃的形象。青衣的衣服多是长衫，款式简洁但是高贵大方，门襟处利用飘带来固定，使简单的款式上增添一丝俏丽；下身裙子是马面百褶裙，往往会在底摆处设计刺绣纹样，增加了青衣的典雅、朴素大方之美，如图2-10所示。

二、正旦褶衣尺寸表

表2-4中，褶衣胸围112cm，衣长120cm，通袖长240cm，水袖长50cm，水

袖口围70cm，领高3.5cm。

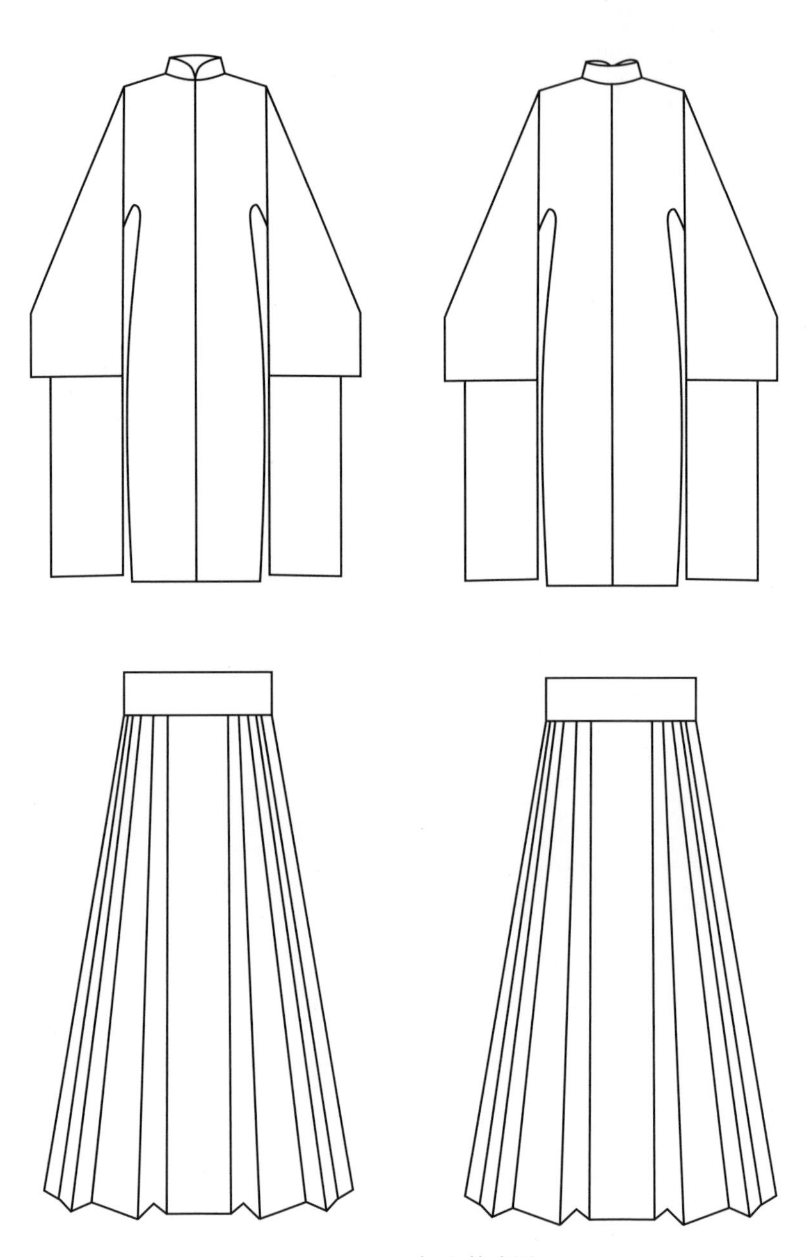

图 2-10　正旦褶衣款式图

表 2-4 正旦褶衣尺寸表 单位：cm

款式规格	胸围	衣长	通袖长	底摆宽	马面裙长	水袖长	水袖口围	领高
尺寸	112	120	240	80	98	50	70	3.5

三、正旦褶衣结构图

正旦褶衣的结构多为H型，衣长120cm，胸围112cm，底摆宽80cm。袖长通体为240cm，袖子上加水袖，水袖长50cm，袖口围70cm。领子多呈现立领形式，领高3.5cm，领长40cm。腰部以下为褶裥马面裙结构，褶深2.5cm，褶宽5cm，裙长98cm，穿着时呈现上小下大的A字型结构，腰带长70cm，腰带宽10cm，如图2-11所示。

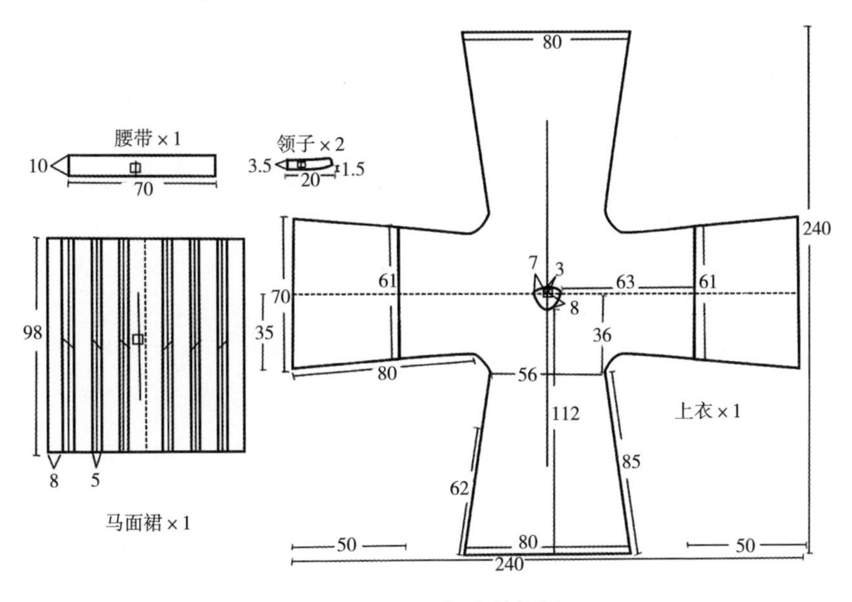

图 2-11 正旦褶衣结构图

四、正旦褶衣工业样板图

正旦褶衣工业样板图如图2-12所示，缝份均为1cm。

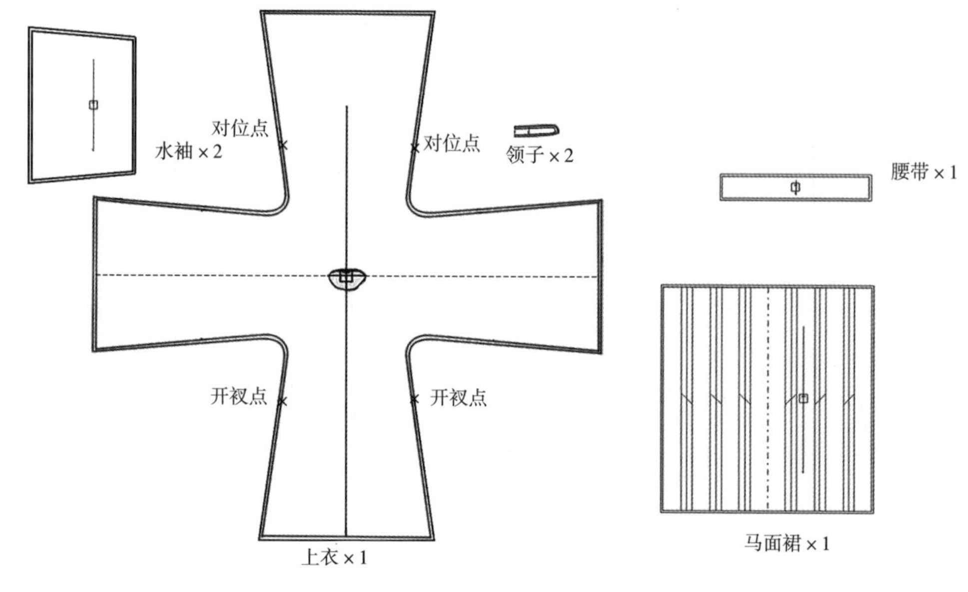

图 2-12 正旦褶衣工业样板图

第四节 越剧老生老旦服饰结构设计

一、老生老旦帔结构特点

老生又称须生、正生，或胡子生。老生主要扮演中年以上的男性角色，老旦扮演老年妇女的角色。在今天的越剧舞台上，老生、老旦角色多是穿帔衣。帔即对襟长袍，其穿搭具有程式性，是越剧中帝王将相、中级官吏、富绅秀才及眷属在正式场合穿用的服装，也可以是居家服。

帔衣在款式上表现为：对襟，半长大领，阔袖（带水袖），左右胯下开衩，男帔长及足，女帔稍短（仅过膝），周身以平金或绒线刺吉祥图案纹样。老生服装不像小生服装一般，结构款式不会做得复杂，这也是由这个角色所决定的，如图2-13所示。

二、老生老旦帔尺寸表

表2-5中，帔衣胸围128cm，衣长145cm，通袖长290cm，领宽10cm。

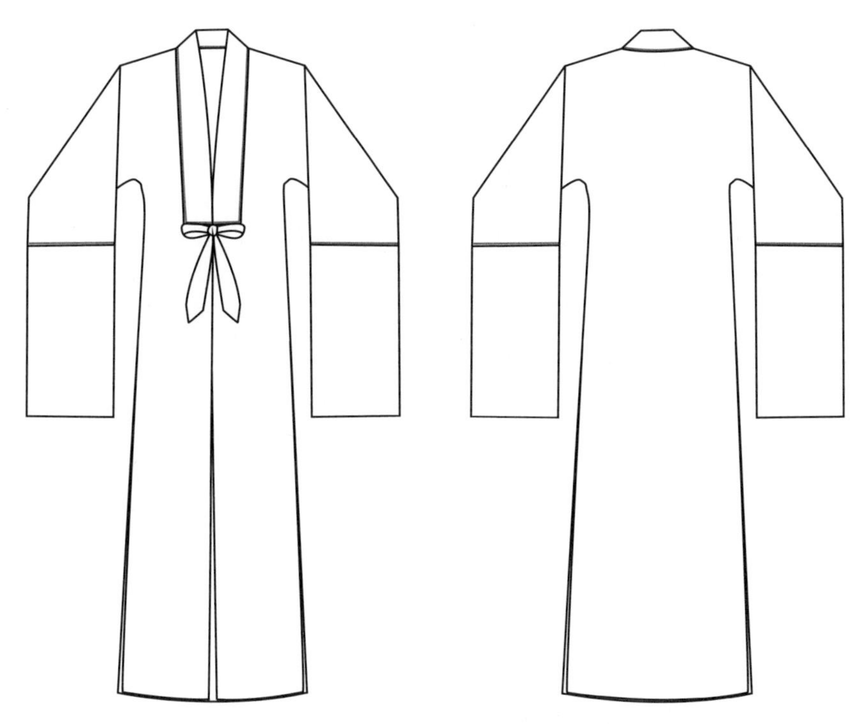

图 2-13 老生老旦帔款式图

表 2-5 老生老旦帔尺寸表 单位：cm

款式规格	胸围	衣长	通袖长	领宽
尺寸	128	145	290	10

三、老生老旦帔结构图

如图2-13所示帔衣的结构，是为戏曲老生老旦设计的服装，简单的对襟开衫，通过一根绑带将衣身拼合起来。帔衣的胸围128cm，衣长145cm，领宽10cm，领长86cm，底摆平量95cm。帔衣的袖子为微喇结构，袖口微微张开，肩线为水平线，帔衣通袖长290cm（含水袖），水袖长45cm，袖口围83cm。在腋下点靠下25cm的位置做了系带设计。如图2-14所示。因为是老生的服装，款式花样不宜过于复杂和烦琐，因此只有简单的一件外衣。采用对襟的设计能够更加让老生扮演的人物形象更加庄重，更加符合角色的身份。长长的水袖，增加了服装的可舞性和人物动态的表现性。

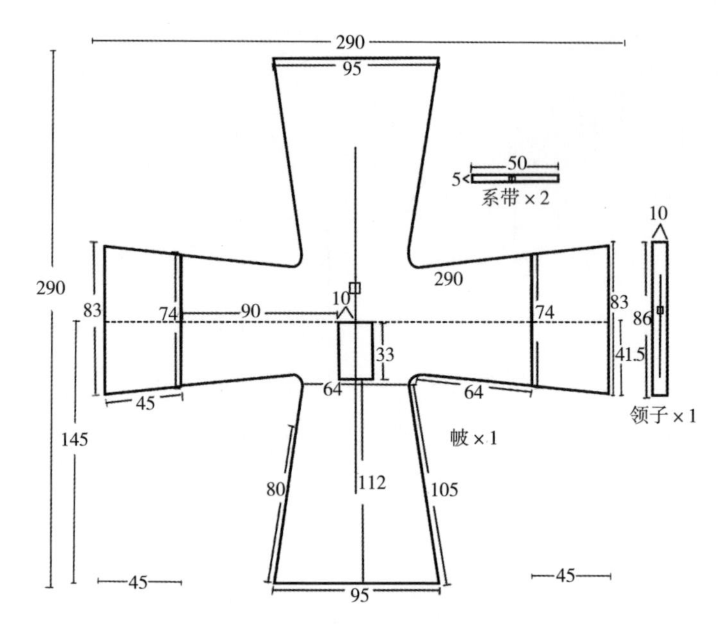

图 2-14　老生老旦帔结构图

四、老生老旦帔工业样板图

老生老旦帔工业样板图如图2-15所示，缝份均为1cm。

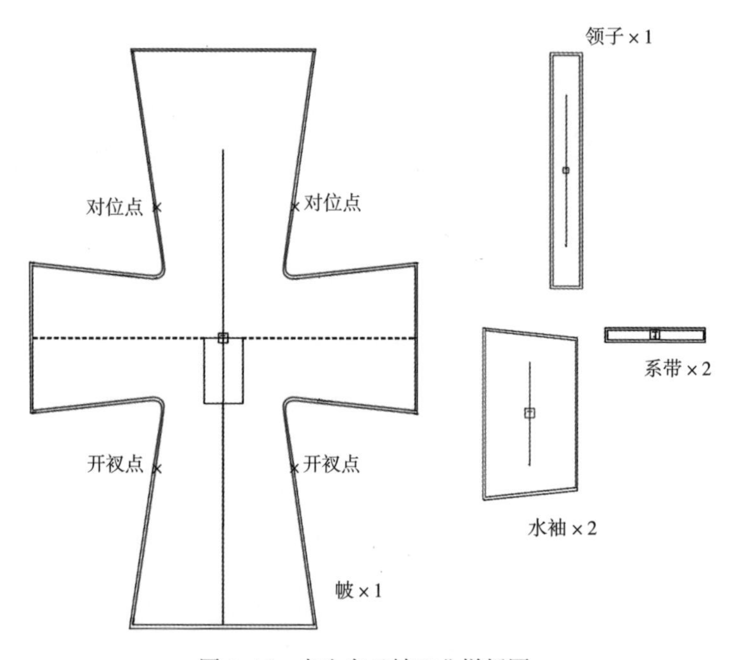

图 2-15　老生老旦帔工业样板图

第五节　越剧武生服饰结构设计

一、武生靠结构特点

武生，戏剧中擅长武艺的角色。武生共分两大类，一类叫长靠武生，另一类叫短打武生。长靠武生都身穿靠，头戴盔，穿厚底靴子，一般都使用长柄武器，这类武生，不但要求武功好，还要有大将风度，有气魄，工架要优美、稳重、端庄；短打武生着短装，穿薄底靴，兼用长兵器和短兵器， 短打武生要求身手矫健敏捷，内行的说法是要漂、帅、脆，看起来干净利索，打起来漂亮，不拖泥带水，表演上重矫捷、灵活。

靠即中国戏曲服装专用名称中的甲衣，源于清代将官的绵甲戎服。此种戎服，以锦料为面，绸料为里，内衬丝棉。形制为上衣下裳，似“深衣形制”，如图2-16所示，它不像古代铠甲那样以甲片为主，仅在前后心及肩

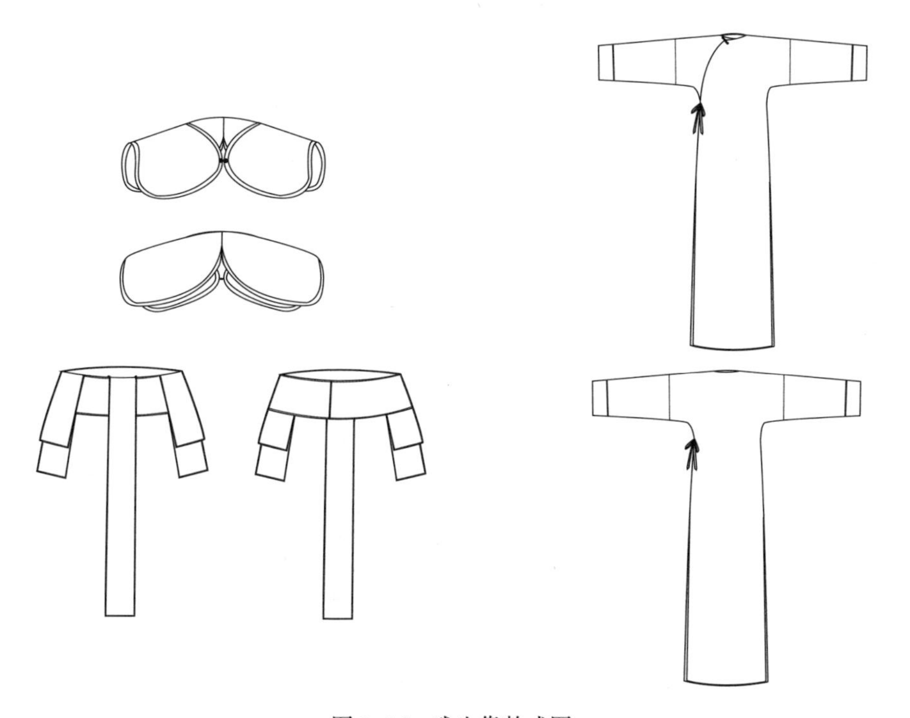

图 2-16　武生靠款式图

部等处缀有金属饰片，从总体看并无实战护身作用，而更像是一种礼仪用服，比起古代铠甲来具有很大装饰性。“靠”即是在此基础上经过美化后形成的。

二、武生靠尺寸表

表2-6中，武生靠胸围120cm，衣长145cm，通袖长190cm，袖口围30cm。

表 2-6　武生靠尺寸表　　单位：cm

款式规格	胸围	衣长	通袖长	袖口围
尺寸	120	145	190	30

三、武生靠结构图

武生服装，考虑到武生身材较为魁梧，动作幅度大，在胸围上略微加宽，衣长大致是在脚踝上下。为了便于武生舞台武打动作，袖子设计更加合体，袖长到手腕附近。武生靠肩膀上也略加宽一些，使服装更有武生的气质。武生靠板型胸围120cm，衣长145cm，底摆宽90cm，通袖长190cm，袖口围30cm，为收口袖形式。肩靠领宽10cm，领深10cm，小肩宽18cm，肩靠外缘似马鞍型。武生没有复杂烦琐的水袖，要突出武将的性格特点，符合角色。腰上的长佩长80cm、宽15cm，短佩长47cm、宽15cm，其规格尺寸和花旦的佩饰也不尽相同。服装结构从古代将士中提取灵感，更加凸显男子气概，符合戏曲的舞台表现效果。武生靠结构图如图2-17所示。

四、武生靠工业样板图

武生靠工业样板图如图2-18所示，缝份均为1cm。

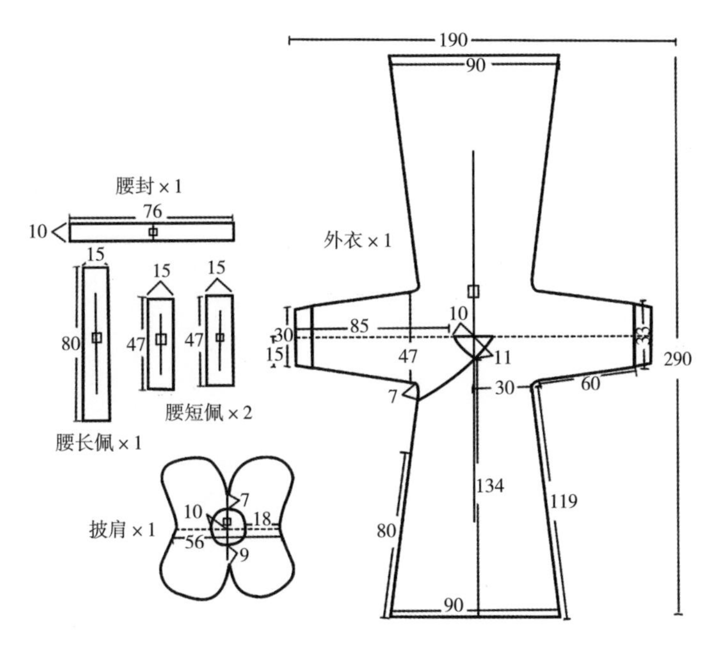

图 2-17　武生靠结构图

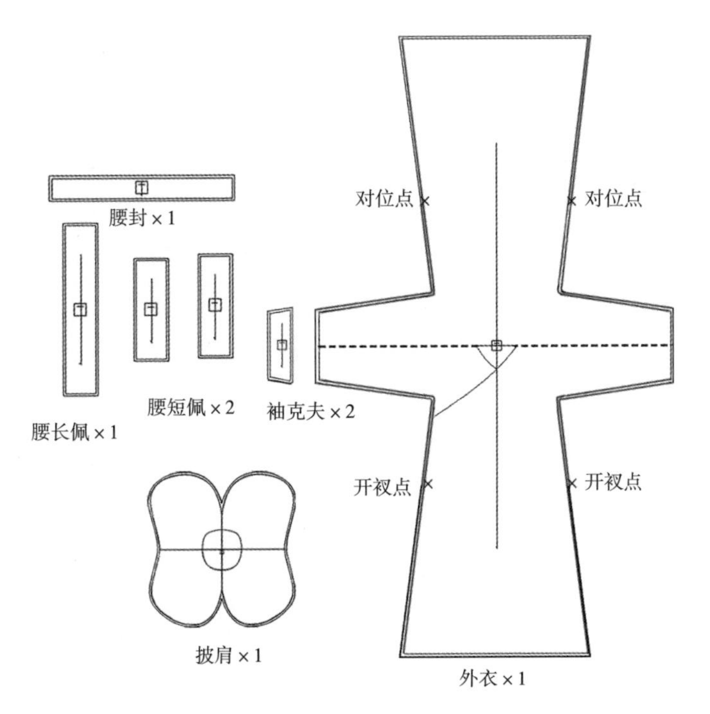

图 2-18　武生靠工业样板图

第三章　越剧服饰纹样设计

第一节　纹样在越剧服饰上的布局

一、小生服饰纹样布局

小生在越剧角色中扮演青年男子的形象，所以小生服装采用较为有活力的纹样 。因为小生是指青年男子，所以服装中多是以梅、兰、菊、竹的纹样相互搭配，色彩上也是选择鲜艳的配色。在领口、袖口和下摆会选用较大的自由纹样，显得服装整体干净大气，服装的造型富有层次且有韵味，如图3–1所示。

小生服饰领口刺绣通常采用花边纹样，形成连续的刺绣纹样造型，纹样上会选择菊花边、山茶花边、竹子花边等，符合青年男子的形象造型。也寓意着角色的活力和正直的形象。

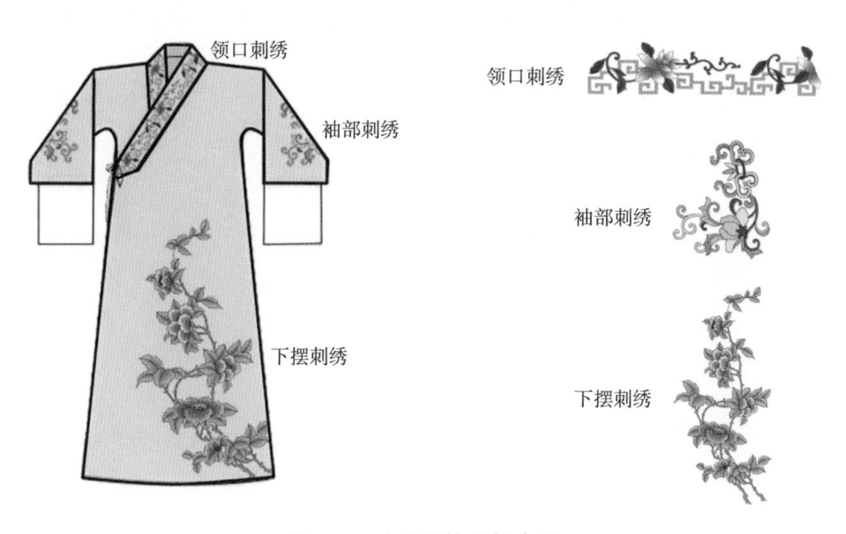

图 3–1　小生服饰纹样布局

小生服饰的袖口会选择团花纹样或者散花纹样，数量只有一个，并不是连续的纹样刺绣于整个袖口处，采用单独的一个纹样显得服装整体精致而又简约。这些独立纹样上通常为大的菊花、竹子或梅花纹。

下摆也会选择单独的自由纹样，或是团花纹样，有的服装上是三个团花纹样组合而成，有的则以一个较大的自由纹样刺绣而成。

二、花旦服饰纹样布局

花旦指在越剧中扮演角色为年轻女子形象的行当。其服装通常选择使用清新雅致的纹样，常用的纹样有梅、竹、菊、兰，色彩搭配上较为明丽，其他如宝相花、蟠桃花、蝴蝶等纹样的使用也是很多的。有的花旦角色个性形象是刚硬的，在纹样配色上常采用低饱和度的纹样色彩，装饰的位置多为云肩、袖口、裙摆、腰封、佩等部位（图3–2）。

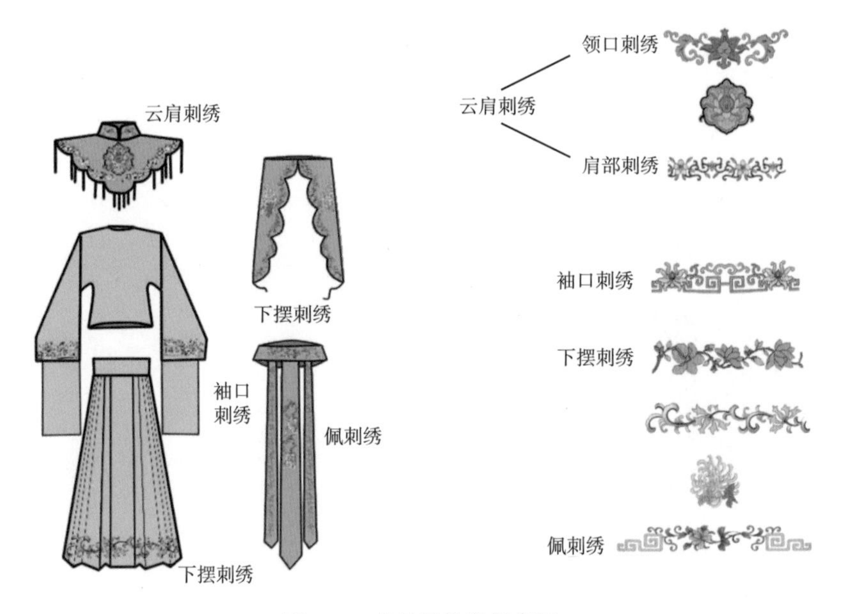

图 3–2　花旦服饰纹样布局

领口刺绣纹样多以花边纹为设计形式，选择不同的花边纹如梅花纹样、菊花纹样等来表现角色的人物性格和年龄阶段。

袖口刺绣选用的花边纹样，常见的有花边回纹、拐子花边纹等，赋予美好寓意。

佩的纹样造型是以花边纹和团纹相结合，花边纹的选择上会倾向造型较为简单的刺绣纹样，再结合剧情和人物性格进行纹样色彩设计。

下摆选用的花边纹，在表现一些社会地位较高的人物角色时，纹样的选择上会更多元，如选择大的团花纹或是较大的自由纹样，纹样的花纹形象选择梅花、菊花、山茶花、山草花等。

三、正旦服饰纹样布局

正旦（青衣）因所扮演的角色常穿青色褶子而得名，扮演的一般都是端庄、严肃、正派的人物，大多数是贤妻良母，装饰纹样选择较为稳重的纹样，也会选择一些鸳鸯纹样或是梅花等纹样。正旦服饰纹样选用梅、兰、竹、菊的造型图案表示人物性格端正、刚强的形象，也会选用莲花纹样以示人物角色“出淤泥而不染”的品行含义等。通过纹样来彰显人物角色的形象气质。装饰位置多见于领口、门襟、袖口、底摆、裙身等（图3–3）。

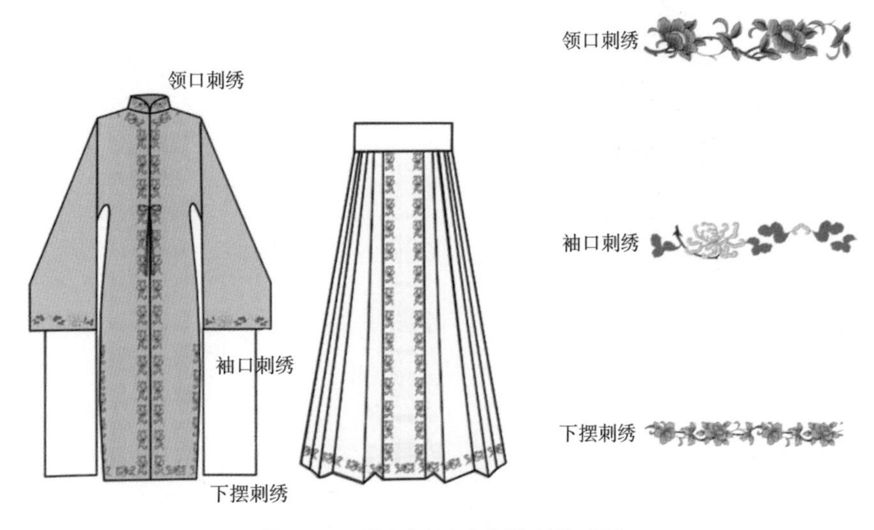

图 3–3 正旦（青衣）服饰纹样布局

正旦服饰肩部刺绣选用较大的团纹，采用左右对称设计，纹样上选择花团纹、梅、兰、竹、菊、莲花图案等。

下摆刺绣和袖口刺绣通常一致，使得服装有整体造型感，不会显得服装杂乱无章，相同的纹样及合理的位置可以让服装富有层次感且整体造型和谐，更好地衬托出人物的角色性格和品行。

四、老生老旦服饰纹样布局

老生老旦扮演的是中年以上的人群，在纹样选择上多是以福寿纹、仙鹤团纹用于服装裙底、袖口、花边裙的位置。领口处采用花纹边，纹样的图案多以菊花、牡丹和简单的拐子纹样形成。袖口、肩部处的刺绣选用团纹，纹样的图案选择鹤纹、福寿纹。这些纹样都表示长寿吉祥的寓意，会给人心灵上一种触动，所以这些纹样图案会在老旦的服装造型中出现。有的老旦服装中会有腰带、佩等的使用，其上面的纹样图案选择团纹，两边有花边纹进行修饰搭配（图3–4）。

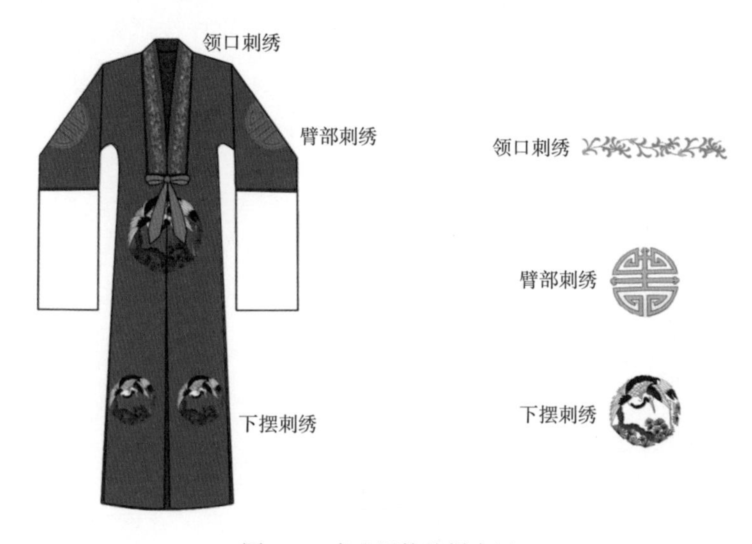

图 3–4　老生服饰纹样布局

老生老旦服饰领口处的纹样选择简约的花边纹重复组成，图案上的纹样也较为简约。例如有拐子花纹、竹叶花纹、宝相花纹等简约造型。借以表现的角色是年迈者，服装要简约、端庄沉稳、显得有地位。

肩部的纹样通常选择团纹图案。纹样主要选择鹤纹、福寿纹或是蝙蝠寿纹等，寿纹主要传达福寿安康之意，体现出年迈者对健康长寿的渴望。

袖口处的纹样也多以简单的团纹福寿纹、鹤纹等造型出现，也会选择仙鹤图案的自由纹样，增加服装的整体造型感。

下摆的纹样会以团纹重复三次使用，虽然重复，但放置位置也极为考究，呈对称的位置摆放。

腰带处会使用团纹和花边纹相结合，整体塑造符合人物造型的需要，使腰带造型不单调，与整体的服装造型相互呼应，相辅相成。

五、武生服饰纹样布局

武生是指扮演擅长武艺的青年男子角色，通常身着武将铠甲。武生的着装较为复杂，人物不同，服装也不同，有男女靠、打衣裤、战裙袄等。服装图案纹样为较大的动物团纹，可根据动物的种类来辨别官位的高低，服装纹样上选用自由纹样也很多。纹样的使用也很丰富，有龙纹、凤纹，结合花边纹，花边纹选择使用拐子花纹、祥云海浪等搭配设计，也会采用花朵的纹样，如菊花纹等，装饰位置多见于肩靠、衣身、底摆、腰佩等，如图3-5所示。

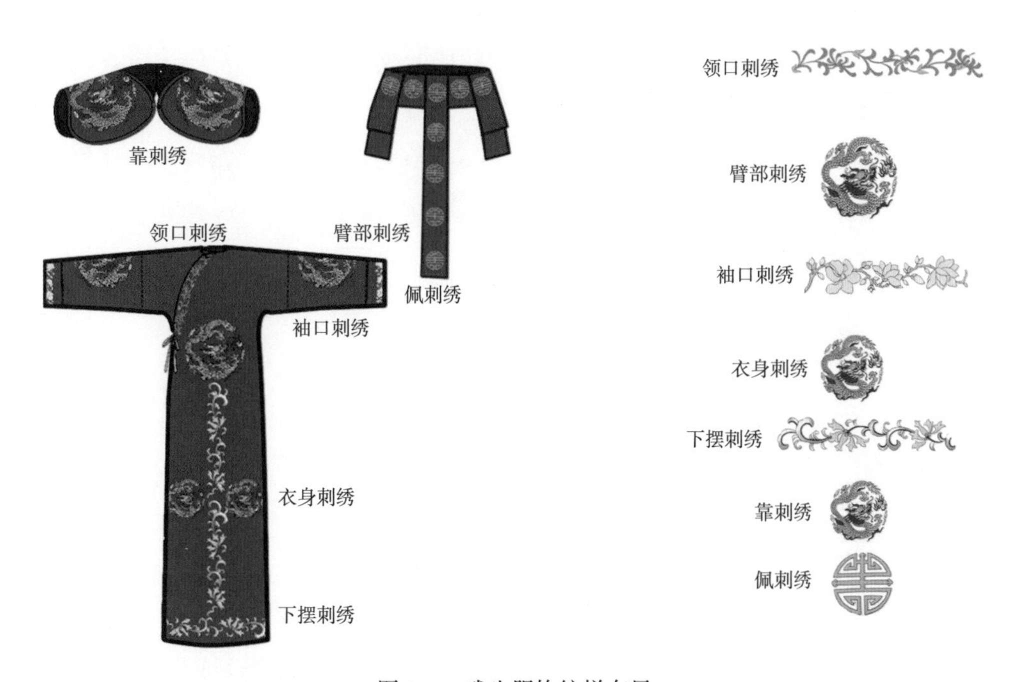

图 3-5　武生服饰纹样布局

男女靠是武生服装中最独特、不同于其他剧种的服装，靠的面积大小不一，根据角色的不同进行选定，上面的纹样会选择较大的凤团纹、龙团纹。

打衣裤的纹样较为简单，选择较为简单的团纹，或不使用纹样。

武生服饰袖口处的纹样是将花边纹和自由纹样组合而成的纹样，在纹样的选择上也与整体服装的纹样相一致，即如果整体服装采用龙纹则袖口也采用龙纹。花边纹则是一般的花边纹和浪花纹样、拐子花边纹样。

佩这个部位选择自由纹样或者团纹，根据人物和款式二选一，但纹样上并不会选择团花纹，大多是龙纹、凤纹等。

第二节　越剧服饰纹样的不同类型

戏剧服饰通过服装的款式、色彩和纹样的相互组合搭配，再结合演员的声音、肢体动作形态、情绪等来完美地体现所表达的角色。纹样在服装上不仅起装饰美化的作用，还有揭示人物身份、地位、性情、职业的作用，在使用上通常有一定的规律或固定模式。例如体现皇权的龙纹，皇后、贵妃等用凤纹，官服中有鹤纹、蟒纹等来体现角色官位的高低、品级，鸳鸯纹多用于喜事婚娶之时，表现夫妻两人同心，双宿双飞，感情长久美好，福寿纹、鹤纹用于老旦、老生高年龄的角色，表现闲逸、安详。越剧服装的纹样选择也极考究，小小的纹样是服装中不可或缺的必要组成部分。

一、团纹

团纹是各种植物、动物和吉祥文字通过变化结合而形成的图形图案，广泛应用于传统服装、武戏服装上。团纹在服装上以刺绣工艺来展示，精美的工艺、丰富的造型为服装增添了色彩活力和价值。

（一）动物团纹

动物团纹的色彩较为丰富，纹样多用于皇家贵族和地位高的人群，色彩选择上很丰富。龙纹多以蓝色、黄色为主，用于皇帝服饰表示炫目、至高无上、独一无二地位的象征，黄色为帝王才可以拥有的色彩，黄色搭配着红色的烈火，蓝色、白色的祥云，相互交错呼应。凤纹、鸳鸯纹等色彩更为丰富，用于女装。鹤类纹样色彩上较为简单，以黑白红为主，用于官服、老旦老生戏剧服饰上，如图3–6所示为不同的动物团纹。

(1) 坐龙团纹

(2) 升云龙团纹

(3) 升龙团纹

(4) 降龙团纹

(5) 降凤戏牡丹团纹

(6) 降凤团纹

图 3–6

(7) 云边灵芝鹤团纹

(8) 松鹤延年团纹

(9) 一品当朝团纹

(10) 太平景象团纹

图 3–6　不同的动物团纹

（二）福寿团纹

福寿团纹颜色通常较为单一，色彩上以金色为主，用于老生老旦的戏剧服装上金色显富贵，也是身份地位的象征；也会采用与白色花朵纹样、祥云的纹样相搭配，这样可使服装色彩不单调并体现喜庆旷达之感，如图3–7所示为不同的福寿团纹。

（三）花纹团纹

花纹团纹通常会放在袖口，或用于角色服装的帔和褶子上，根据人物的不同会选择不同的花纹团纹进行配色。例如用在花旦、小生、青衣服装中，选择鲜艳的色彩，纹样上也较为充满生机活力，例如，以“梅、兰、竹、菊”表现出淤泥而不染、坚韧不拔之意，用于小生角色的服装中；菊花、梅花多用于年

(1) 长寿团纹(一)

(2) 长寿团纹(二)

(3) 如意福寿团纹

(4) 欢天喜地团纹

(5) 寿团纹

图 3-7

(6) 寿字团纹

(7) 福寿无疆团纹

(8) 云边寿团纹

图 3-7　不同的福寿团纹

轻女角服装中，显示人物的端庄贤淑、年轻活力。纹样的配色和纹样图案的相互结合使戏曲服装实现造型的完美展现。在服装的云肩、佩上也会使用花纹团纹。图3–8所示为不同的花纹团纹。

(1) 宝相花团纹 (2) 菊花团纹(一)

(3) 菊花团纹(二) (4) 拐子牡丹团纹

(5) 竹团纹

图 3–8

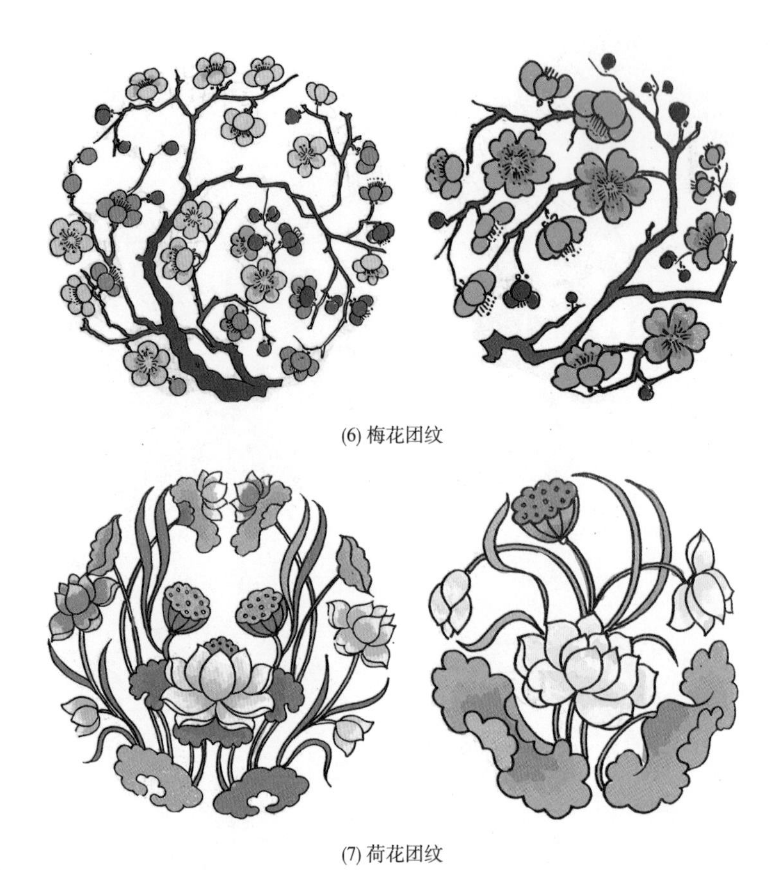

(6) 梅花团纹

(7) 荷花团纹

图 3–8　不同的花纹团纹

二、花边纹

花边纹用于佩、底裙的下摆装饰，纹样色彩十分丰富。这些纹样用于小生、花旦、青衣、老生、老旦各个越剧人物的服装上，色彩的选择搭配很重要。用于青年人群的花边纹色彩选择更鲜艳，更能体现活力；有些花边纹用于老生、老旦服装中，色彩选择上则是一些较暗的颜色，灰度较高，以体现端庄、沉稳的感觉，通过纹样的色彩和花纹相互搭配，体现戏剧人物的年龄和地位。在花边纹中花卉种类较多，如菊花、宝相花、桃花等。纹样用于下摆、领口刺绣，在服装造型中起到装饰、修饰、暗示等作用，使服装造型不单调且具有层次感，如图3–9所示为不同的花边纹。

(1) 串枝桃花边纹

(2) 回纹月季花边纹

(3) 串枝茶花边纹(一)

(4) 串枝茶花边纹(二)

(5) 串枝茶花边纹(三)

(6) 回纹番莲花边纹

(7) 宝相花回边花纹

(8) 番莲花勾边纹

(9) 云团花边纹

(10) 宝相花边纹

(11) 梨花花边纹

(12) 菊花卷勾边纹

(13) 牡丹花边纹(一)

(14) 牡丹花边纹(二)

(15) 牡丹花边纹(三)

(16) 草花边纹(一)

图 3–9

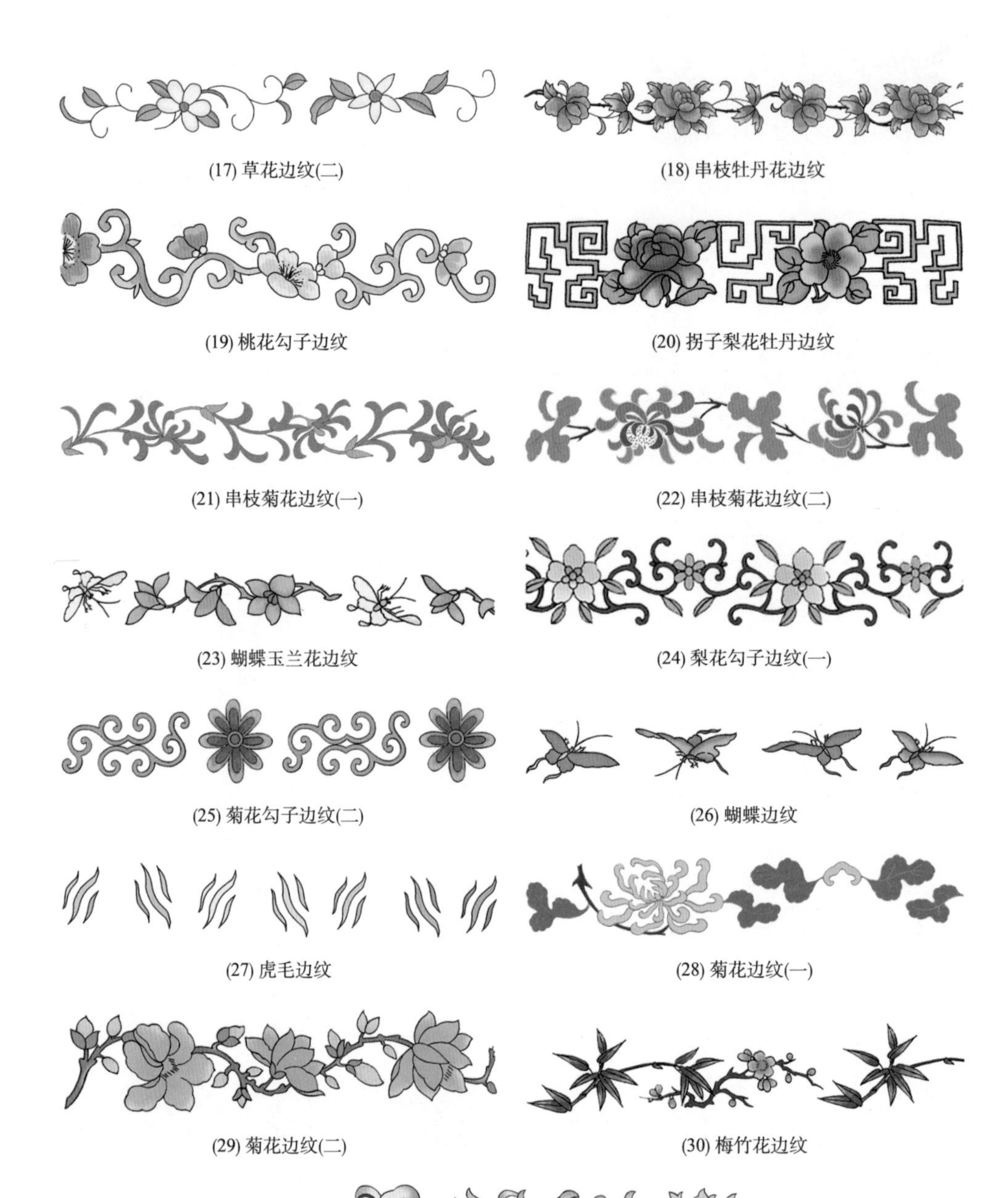

(17) 草花边纹(二)

(18) 串枝牡丹花边纹

(19) 桃花勾子边纹

(20) 拐子梨花牡丹边纹

(21) 串枝菊花边纹(一)

(22) 串枝菊花边纹(二)

(23) 蝴蝶玉兰花边纹

(24) 梨花勾子边纹(一)

(25) 菊花勾子边纹(二)

(26) 蝴蝶边纹

(27) 虎毛边纹

(28) 菊花边纹(一)

(29) 菊花边纹(二)

(30) 梅竹花边纹

(31) 番莲花边纹

图 3-9　不同的花边纹

三、自由纹样

自由纹样多是一些散花，或者较大的纹样，如龙纹、鹤纹、凤纹等结合植物中的梅、兰、竹、菊、牡丹、松柏等构成单独的大纹样，多适用于武生的褶子上或蟒袍上，老生老旦的帔和褶子上采用得也较多。小生的褶子上会使用梅花纹样，用于下摆、袖口处。官府中也会使用单独大的散纹样。裙、袄是小旦的角色服装，在裙下摆处也会大量使用单独的散纹，会使用萱草花、散枝芙蓉、花鸟纹等使服装造型更丰富。如图3–10所示为不同的自由纹样。

(1) 宝相花纹　(2) 水拱云纹　(3) 行云纹
(4) 棉木云朵纹　(5) 单花纹　(6) 六合云纹
(7) 小花纹　(8) 菊花纹

图 3–10

(9) 山草花纹

(10) 菊花纹

(11) 番莲花钩边纹

(12) 如意牡丹花边纹

(13) 散枝芙蓉纹

(14) 牡丹花枝纹

(15) 山茶花枝纹

(16) 散枝竹梅纹

(17) 散枝竹子山茶花纹

(18) 散枝牡丹纹

(19) 散枝菊花纹

图 3-10　不同的自由纹样

第四章　越剧服饰色彩设计

第一节　越剧小生服饰色彩设计

一、越剧小生服饰A色彩设计

越剧小生服装以褶子和帔为主。小生褶子和帔大多采用间色，运用鲜明、悦目、刺激、活泼的色彩，塑造形象鲜明、生动传情的舞台人物形象（图4–1）。

图4–1　越剧小生服饰A

分析研究对象（图4–2），此款小生服饰色彩鲜艳、靓丽，对该服装底色进行数字化分析，结果显示其CMYK模式是：C4、M7、Y49、K0。服装整体以对比色搭配，以嫩黄色为主。衣服领口配有回纹番莲花边（图4–3）和下摆

图 4-2　越剧小生服饰 A 色彩设计

图 4-3　回纹番莲花边纹

图 4-4　山茶花枝纹

部位以红绿相配的刺绣山茶花枝纹样点缀（图4-4），服装用色自然，给人以温文尔雅之感。

在南京越剧团全新打造的越剧经典古装大戏《血手印》开场时，小生林招得身穿鹅黄色H型褶子，粉色与白色交替镶边，前后都绣有粉色的蝴蝶和兰花（图4-5左），简洁而不单调，在营造些许浪漫氛围的同时显示林招得的书生气息。鹅黄色的长飘带，不仅展示出林招得温文尔雅、简约飘逸的书生气息，而且体现开场剧目中的欢快气氛，能让观众更快进入这一浪漫、温馨的场景。虽然林招得是落寞家族的公子，本不应该穿着如此鲜美的服装，但剧中台词说明林招得的这身衣服是王千金所赠。因此，有这样色彩明亮的服装设计出现，才会让观众感受到不脱离剧情的合理，且感同身受剧中人的喜悦欢乐之情。后来，林招得被冤枉回到林宅，换下印有鲜明血手印的衣褶，穿上灰色对襟褶子，领口是枷锁的造型，以黑色镶边（图4–5右），给人以沉重压抑之感，袖口缀有一圈黑色锁链，昭示林招得即将成为阶下囚，左侧衣袖和衣身上黑色的火纹、水纹等各种黑色纹样交杂在一起，复杂而难懂。虽然大多剧情的转折变化会通过旁白和舞台效果来展现，但适当的服装色彩和纹样外显了人物性格和心理情绪，也能诉说剧情的变化。

图 4–5 《血手印》剧照

在茅杜威、何英、陈辉玲和董柯娣联手演绎的《西厢记》中的张生身着直筒型连身宽袖戏服，没有白色纱质水袖，白色打底的门襟贴上绣有蓝色渐变的连云纹，头戴一顶黑色丝绒解元巾缀以明亮的孔雀蓝云纹（图4–6左），慢慢步入观众的视野中。蓝色是思想深邃、成熟稳重、情感细腻、忠诚情谊等名词的代表色。张生一身以孔雀蓝为主色调的扮相，不仅直观地点明了张生的书生身份，同时也暗喻了张生诚挚、潇洒的性格，展示了张生的男性魅力，为接下来崔莺莺被张生所吸引，与张生暗生情愫做铺垫。张生领口所装饰的云纹由浅到深和由深到浅相互交替循环由多种色彩共同组成，使得领口的云纹立体、细腻而逼真。

而后，张生在收到相国府的请柬时穿着一身H型粉红色及地对开褶衣（图4–6右），暗示了张生收到请柬时的愉悦心情，直筒型连身宽袖，枣红色门襟贴边，回纹与桃花交错的刺绣点缀其中，桃花是美好生活的象征，且桃花象征爱情，这暗示着请柬的内容应与张生替崔莺莺解孙飞虎之围时，崔老夫人在佛殿前许婚之事有关。

图 4–6 《西厢记》剧照

《西厢记》中小生张生的服饰在结构设计和面料的选取上没有任何的改变，但对于色彩和纹样的运用进行了大量的变化。借助服装色彩的变化表达张生从沉稳、开心、紧张、失望再到最后的幸福这一路来的心理变化。此剧中小生服饰色彩的变化基本都是对色相的更改，明度和纯度并没有做大的改动，基本保持一致，使得这一系列的服饰相互串联，不会显得突兀。

二、越剧小生服饰 B 色彩设计

越剧小生服饰 B 的色彩设计以越剧《梁祝》里小生服饰为例，如图4–7所示。

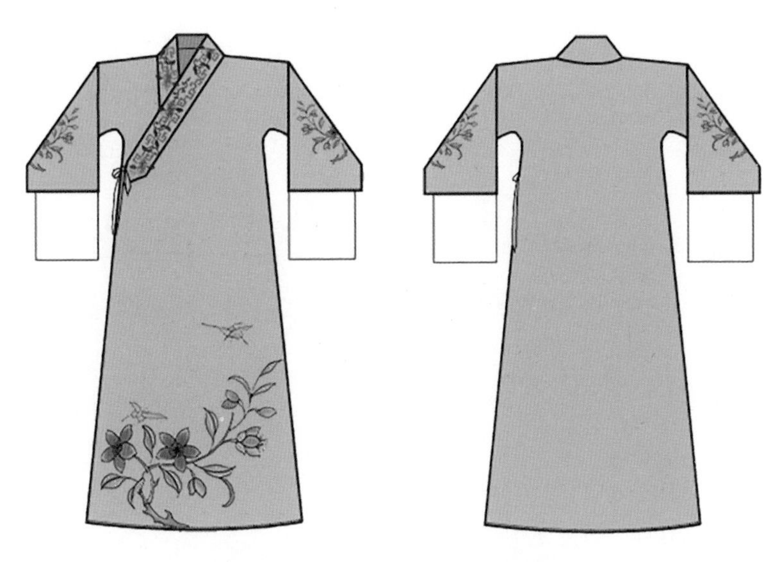

图 4-7 越剧小生服饰 B 色彩设计

分析研究对象（图4-8），此款小生服饰底色数字化分析结果显示其CMYK模式是：C0、M38、Y18、K0。根据《梁山伯与祝英台》这个剧目的故事情节发展和角色身份设定，服装色彩设计整体以近似色搭配，以粉色为主。在衣服上领口和下摆部位绣有红绿相配的山草花纹（图4-9），又以飞舞的蓝色蝴蝶纹样作为点缀，服装用色清新浪漫，视觉效果大方、活泼而雅致。

图 4-8 越剧小生服饰 B 色彩设计

图 4-9 山草花纹

此款小生服装是依据越剧《梁祝》中的服饰造型（图4-10）进行的设计，色彩使用粉色和红色，粉色上有少许的淡绿色形成了对比，视觉效果既大方又活泼，使剧中人物儒雅、清秀的形象很好地通过服装色彩体现出来。

图 4-10 越剧《梁祝》服饰造型设计

第二节 越剧花旦服饰色彩设计

一、越剧花旦服饰A色彩设计

花旦主要饰演性格天真烂漫、性格活泼开朗又不失聪明伶俐的妙龄少女，极少数是性格泼辣的中年、青年女性。因此，花旦服饰在色彩运用上较为大胆，经常运用各种艳丽、明度较高的色彩进行组合搭配，衬托花旦活泼开朗的个性，配合她们大胆、跳脱的行动。越剧花旦服饰A效果图如图4-11所示。

图4-11 越剧花旦服饰A

分析研究对象（图4-12），该服装底色数字化分析结果显示其CMYK模式是：C37、M0、Y23、K0。从模式数值可看出来，服装整体以邻近色搭配，以青绿色为主，服装用色清丽，纯度相近。服装上云肩处饰有黑金边的宝相花纹样和祥云纹样；下摆部位绣有金边菊花纹样以及配上的山茶花边，相互搭配整合，给人以清丽、秀美又不乏典雅、端庄的感觉，如图4-13～图4-16所示。

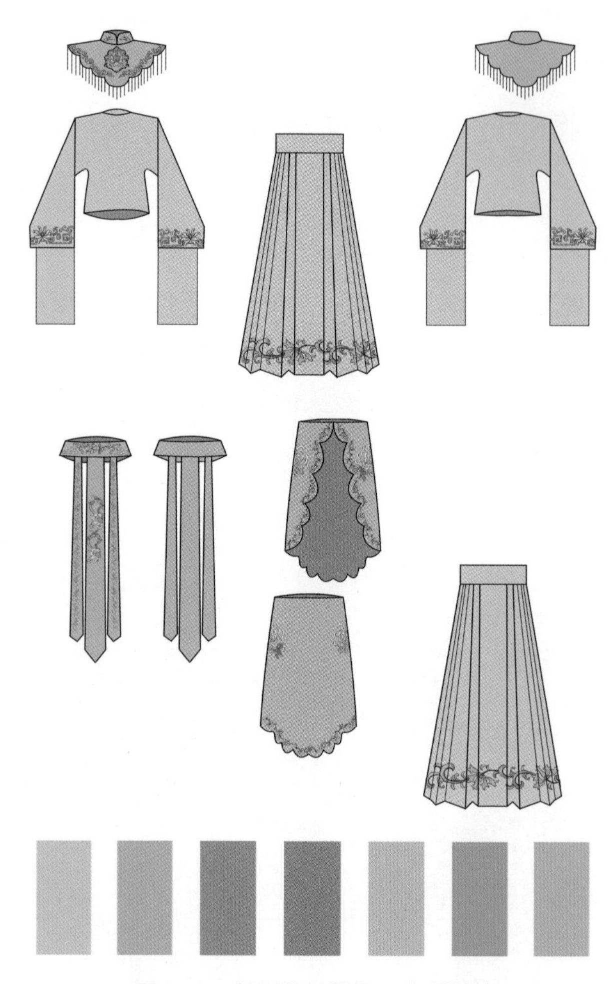

图 4–12　越剧花旦服饰 A 色彩设计

图 4–13　云肩

图 4–14　外罩裙

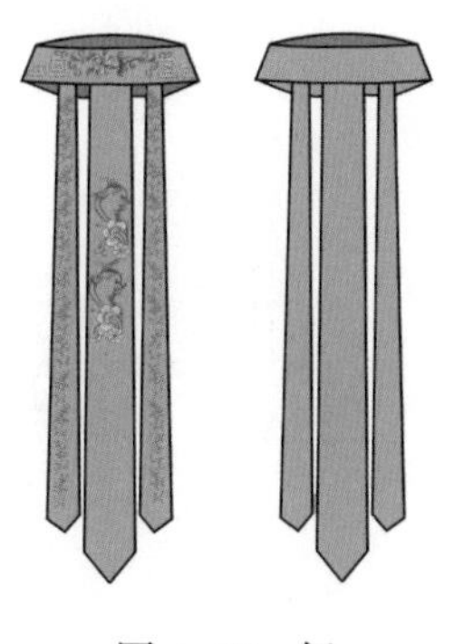

图 4–15　佩

图 4–16　山茶花边

二、越剧花旦服饰B色彩设计

越剧花旦服饰B效果图如图4–17所示。

图 4–17　越剧花旦服饰B

分析研究对象（图4–18），此款花旦服饰相较上一套色彩更为炽烈，适合活泼开朗，乐观积极的花旦角色。该服装底色数字化分析结果显示其CMYK模式是：C23、M95、Y73、K0。服装整体以邻近色搭配，以大红色为主，搭配橙色、粉色等暖色，服装色彩鲜艳，给人活泼、俏丽、热情之感。纹样上选取了菊花回纹（图4–21）、金色回字纹搭配绿色卷边叶，色彩上与底色形成对比，给上衣袖口（图4–19）和下摆（图4–20）增添了动感。

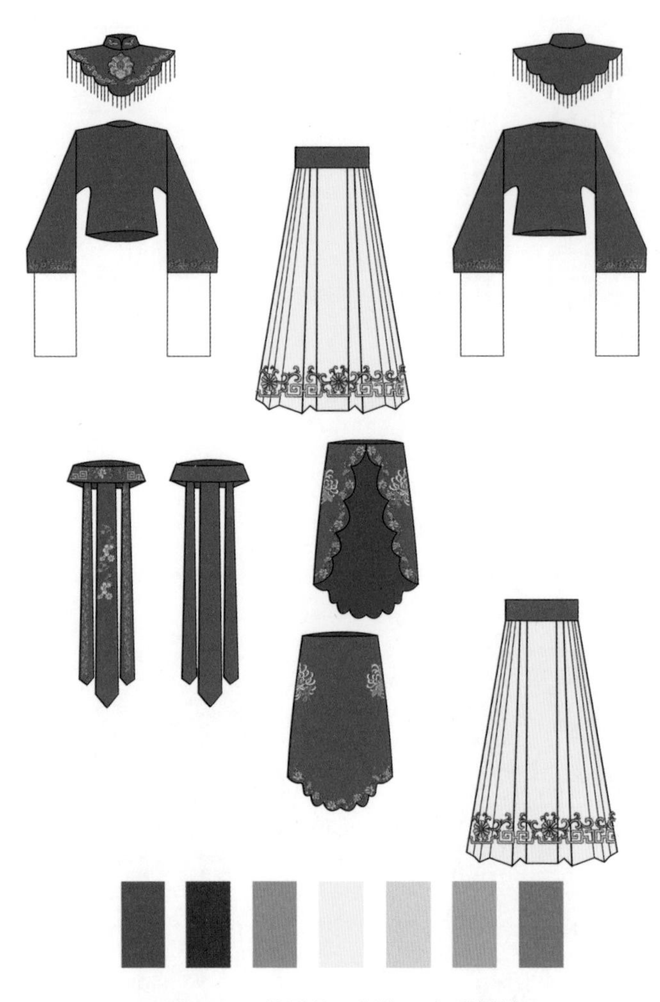

图 4-18　越剧花旦服饰 B 色彩设计

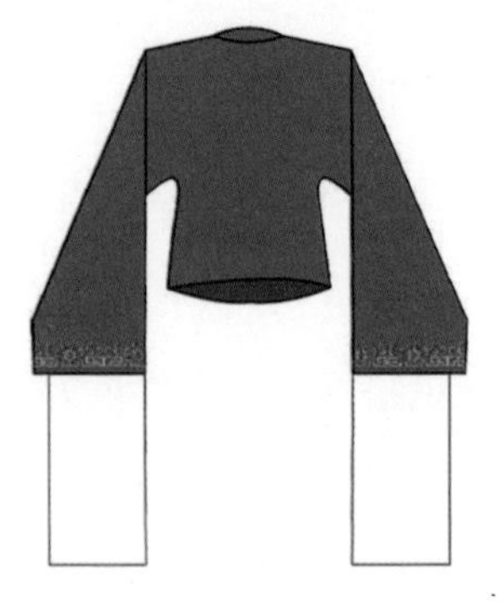

图 4-19　上衣

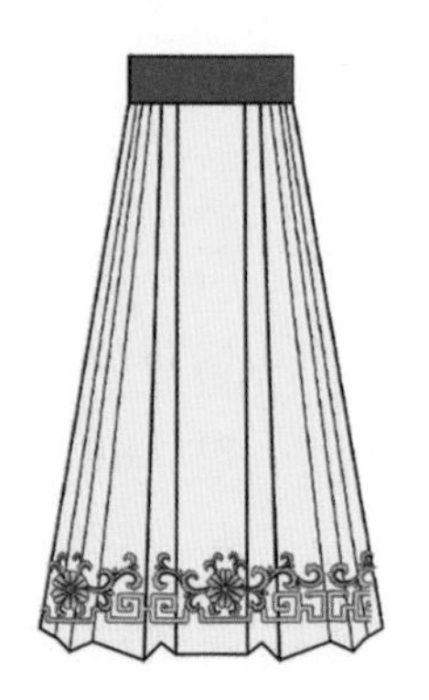

图 4-20　下摆

图 4-21 菊花回纹

第三节 越剧正旦服饰色彩设计

一、越剧正旦服饰 A 色彩设计

从服饰上看，正旦的服饰多为立领对襟长衫的素色褶子。虽然有些正旦由于考虑场所、身份等因素，有时会穿着女蟒或宫衣，但这也是少数，且女蟒和宫衣的式样及花色是相对较固定的，部分正旦仍是穿着比较素雅的色彩。正旦扮演的一般都是端庄、严肃、正派的人物，大多是贤妻良母或旧社会的贞洁烈女，年龄一般都是青年到中年之间。图4-22所示为越剧正旦服饰A效果图。

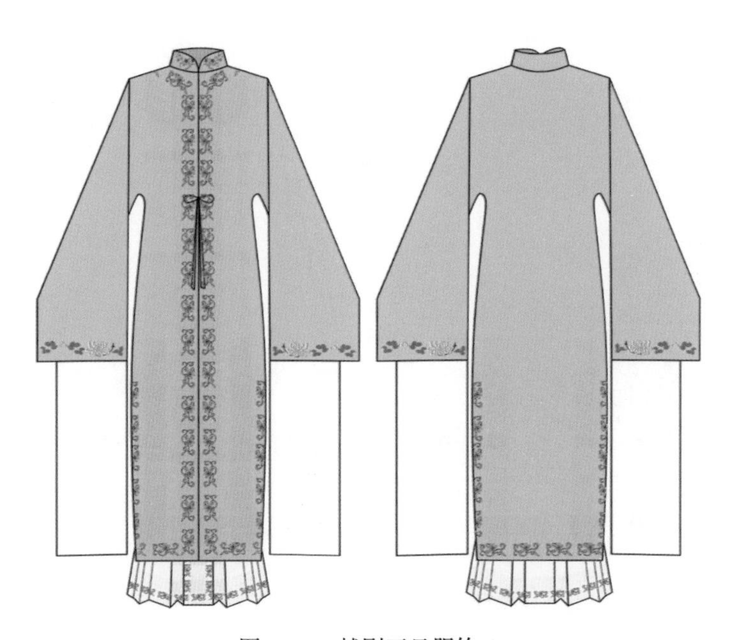

图 4-22 越剧正旦服饰 A

分析研究对象（图4-23），此款正旦服饰底色数字化分析结果显示其CMYK模式是：C63、M23、Y49、K0。服装整体以邻近色搭配，以深青色为主。服装裙摆（图4-24）、袖口以金色菊花纹勾边点缀，下裙（图4-25）用米白色打底，配以淡雅菊花边，相互搭配，给人以端庄之感。

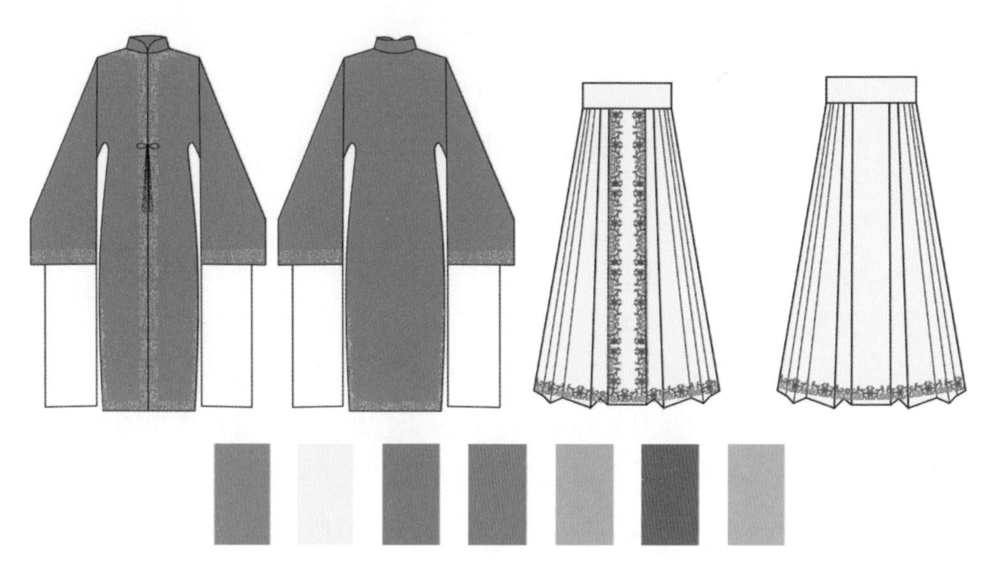

图 4-23 越剧正旦服饰 A 色彩设计

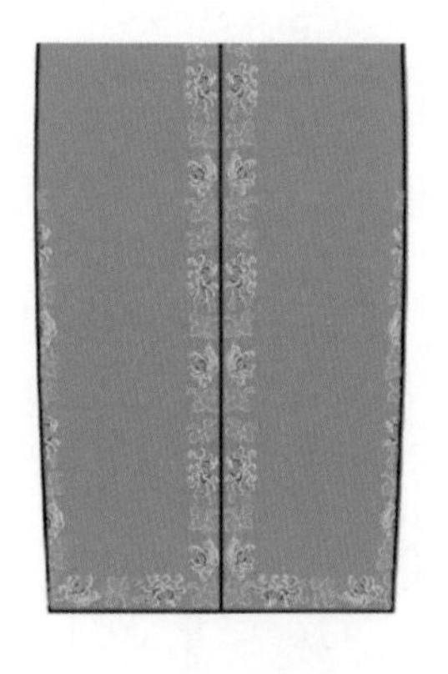

图 4-24 裙摆

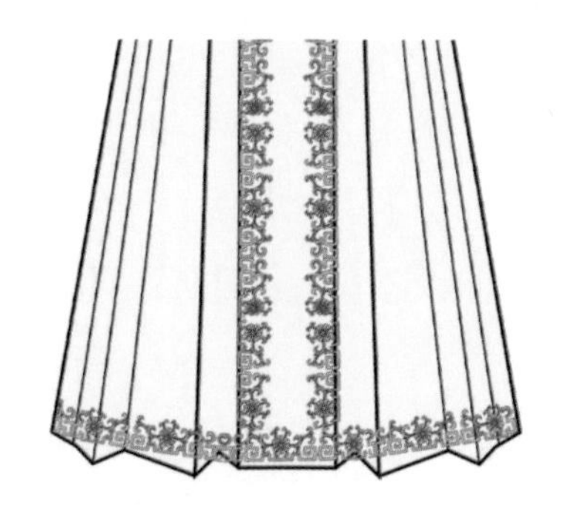

图 4-25 下裙

二、越剧正旦服饰 B 色彩设计

越剧正旦服饰 B 效果图如图4-26所示。

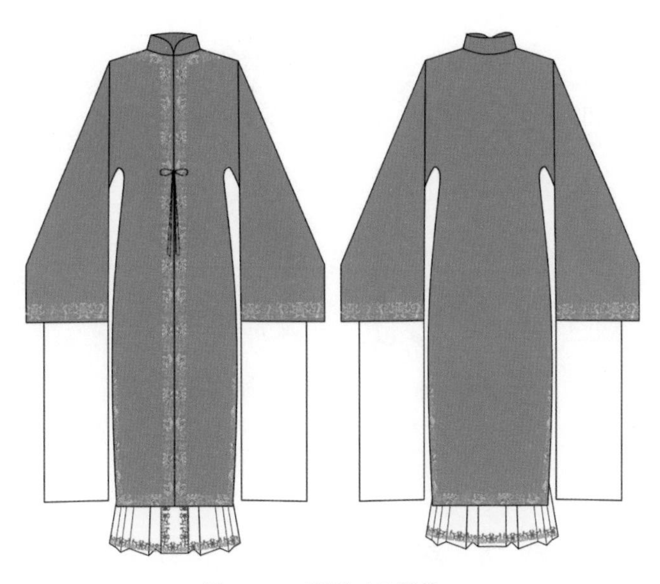

图 4-26　越剧正旦服饰 B

分析研究对象（图4-27），此款正旦服饰底色数字化分析结果显示其CMYK模式是：C29、M8、Y27、K0。服装整体以近似色搭配，以青绿色为主。衣服上领口、袖口配有菊花边（图4-28）和部分部位绣蓝绿番莲花勾边（图4-29）点缀。服装用色清丽，色相相近，相较越剧正旦服饰A更显雅致，衣裙相互搭配，给人以温和婉约之感。

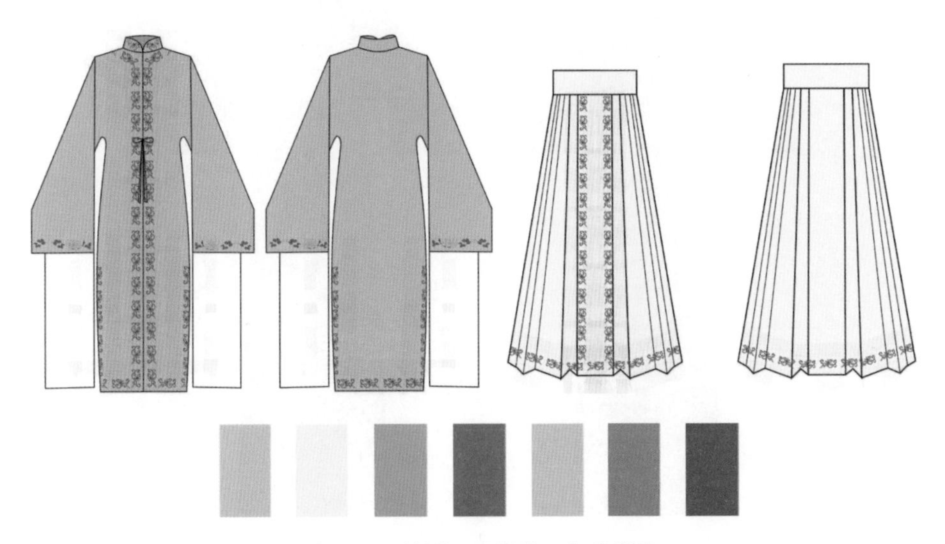

图 4-27　越剧正旦服饰 B 色彩设计

图 4-28 菊花边

图 4-29 番莲花勾边

第四节 越剧老生服饰色彩设计

一、越剧老生服饰A色彩设计

老生的服饰在色彩和纹样运用上常与老旦相配伍。颜色的运用也都采用纯度较低、明度较低的色彩。与小生服装不同，老生服饰要符合老年人的身份、地位、年龄等，服装色彩显得更加沉稳、有威严，如图4-30所示。

图 4-30 越剧老生服饰 A

分析研究对象（图4-31），此款老生服饰底色数字化分析结果显示其CMYK模式是：C47、M79、Y100、K13。服装整体以近似色搭配，以褐色为主。衣服上衣（图4-32）领口用金色菊花纹勾边点缀，肩臂部金边寿团图案，衣身配以松鹤延年团纹（图4-33），整体色彩统一，寓意健康长寿，更显沉稳大气，给人以端庄之感。

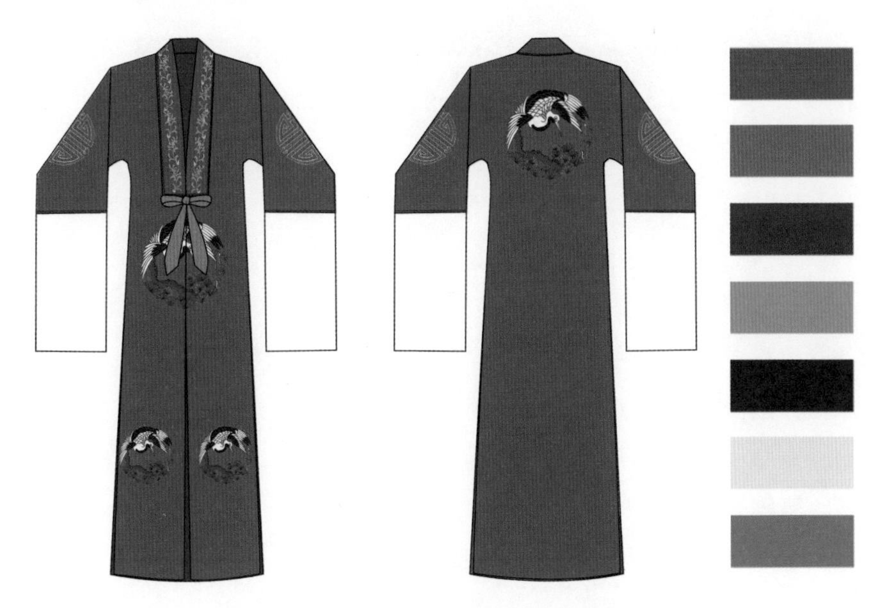

图 4-31 越剧老生服饰 A 色彩设计

图 4-32 上衣

图 4-33 松鹤延年团纹

在老旦服饰中，《红楼梦》中贾母的造型也十分经典。贾母的服装比周围人的色彩更深、多采用暗色，显得深沉、老练，纹样色彩上多用金银色来表现雍容华贵，比较符合贾母的人物地位、性格和年龄。

二、越剧老生服饰 B 色彩设计

越剧老生服饰B效果图如图4-34所示。

图 4-34 越剧老生服饰 B

分析研究对象（图4-35），此款老生服饰底色数字化分析结果显示其CMYK模式是：C100、M96、Y46、K9。服装整体以邻近色搭配，以蓝色为主。衣服上领口亮蓝色菊花勾边点缀，肩部金边寿团图案，下摆配以如意福寿团纹（图4-36），整体色彩统一，冷色调，相较越剧老生服饰A给人以沉稳、睿智之感。

图 4-35　越剧老生服饰 B 色彩设计

图 4-36　如意福寿团纹

第五节　越剧武生服饰色彩设计

一、越剧武生服饰 A 色彩设计

越剧武生服饰A效果图如图4–37所示。

分析研究对象（图4–38），此款武生服饰底色数字化分析结果显示其

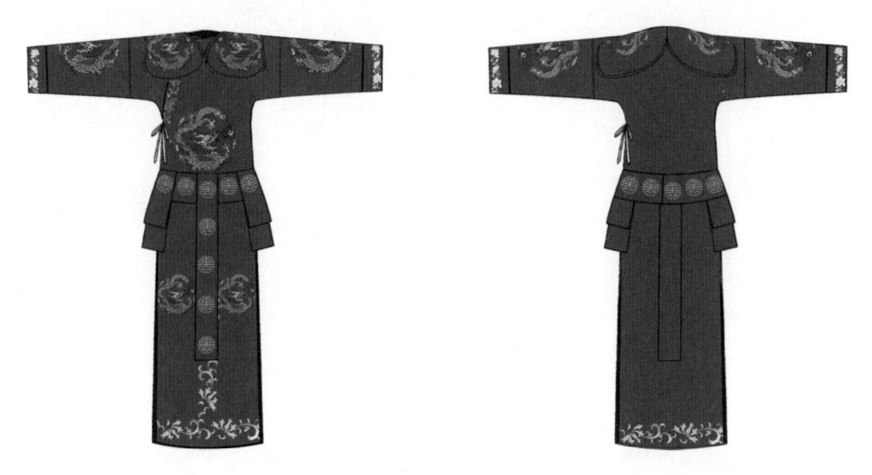

图 4–37　越剧武生服饰 A

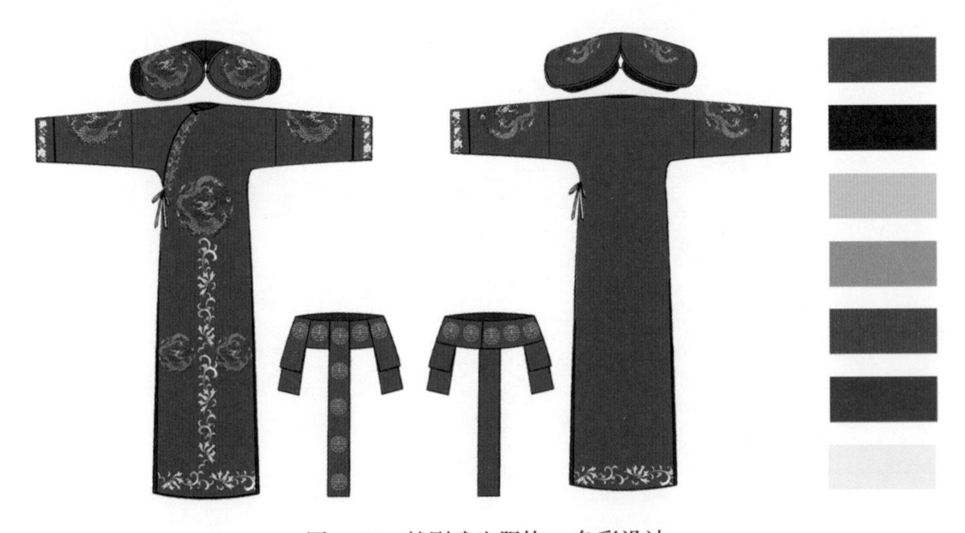

图 4–38　越剧武生服饰 A 色彩设计

CMYK模式是：C85、M57、Y83、K25。服装整体以冷暖色搭配，以深绿色为主，衣服上领口暗色番莲花边（图4–39）点缀，肩、臂部以金边龙纹（图4–40）装饰，下摆配菊花卷纹，整体色彩协调，给人以沉稳霸气之感。

图 4–39　番莲花边

图 4–40　金边龙纹

二、越剧武生服饰 B 色彩设计

越剧武生服饰B效果图如图4–41所示。

图 4–41　越剧武生服饰 B

分析研究对象（图4–42），此款武生服饰底色数字化分析结果显示其CMYK模式是：C99、M95、Y39、K5。服装整体以邻近色搭配，以蓝色为主。衣服上领口亮蓝色菊花纹（图4–43）勾边点缀，肩、臂部坐龙团纹（图4–44）装饰，下摆配以同色系寿团纹，整体冷色调，相较越剧武生服饰A，给人以睿智之感。

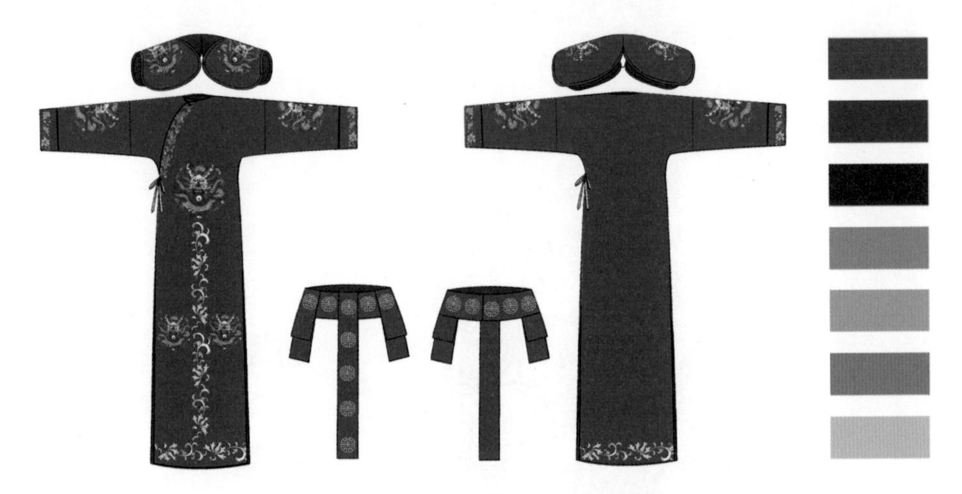

图 4–42 越剧武生服饰 B 色彩设计

图 4–43 菊花纹

图 4–44 坐龙团纹

越剧《十一郎》是根据京剧《艳阳楼》《白水滩》和《通天犀》改编而成，是越剧中较为少见的“武打类”剧目。如图4–45所示是剧中人穆玉矶与徐凤珠成亲时的场景，可以看出穆玉矶的服饰造型与其他小生角色的服饰有很大不同。穆玉矶头戴豹纹毛皮帽，上插一根翎羽，剧中开头就交代他与徐凤珠是因为打猎时抢夺大雁而认识的，由此可见，这个帽子应该是由豹皮所制，而翎羽应该就是他与徐凤珠抢夺的大雁羽毛，因此头饰为灰褐色豹纹帽子搭配大雁羽毛。武生与其他小生角色最大的不同便是武生不穿褶子。穆玉矶穿着红色短袄，肩部黑色菱形格纹样装饰，外着一件兽皮衣，以同色宽布条束腰，其造型为X型，脚蹬皮靴，将裤脚束于皮靴内，彰显武生的精明干练。

图 4–45 《十一郎》剧照

第五章　越剧服饰 3D 虚拟设计应用

第一节　虚拟试衣技术在越剧数字化展示中的应用

一、CLO 3D 软件介绍

CLO 3D软件是来自韩国的3D软件，该软件是一款较强的仿真试衣软件，功能齐全，操作简单快捷。软件同时包括样板制图的样板窗口、虚拟化身窗口、物体窗口、属性窗口，如表5-1所示。3D虚拟化身试衣与2D样板图可以同时进行设计与修改，数据同步联动进行。在虚拟化身窗口或样板窗口选择物体（虚拟化身、服装、样板等）时，可以选择物体窗口中多个样板或内部图形，然后通过属性窗口可以调整属性值。

表 5-1　CLO 3D 窗口及功能

窗口	功能
样板窗口	样板制图，设定裁剪线，编辑布料图像
虚拟化身窗口	可以虚拟试穿服装，可以移动制造动画
物体窗口	虚拟物象和样板，可以创建和编辑安排点
属性窗口	显示样板、服装、材质、物理属性等基本信息及设定

CLO 3D作为三维服装虚拟软件，可以将人模的建立、2D样板、3D服装虚拟缝合、面料仿真模拟、动态虚拟展示很好地集合为一体，将设计师平常难以表达的设计通过立体效果呈现出来，直观明了。对于制板师来说，利用二维与

三维的互相转化，可以通过调节修改样板上的数值，就能达到虚拟着装合体的效果。对于服装企业，可实现虚拟样衣的制作，大幅节省了服装企业的生产周期和成本。同时，可通过虚拟试衣等功能，为消费者打造符合其自身体型的定制服装。

二、虚拟人体模特的建立

采用CLO 3D虚拟男性模特，在模特编辑器中输入相应尺寸，参照国家GB/T 1335.1—2008《服装号型　男子》标准中的中号男子规格的各控制部位尺寸，设计虚拟人体的各项尺寸，如表5-2所示。

表 5-2　男体部位参数表　　单位：cm

部位	数值
身高	175
颈椎点高	145
臂长	62
颈围	37
肩宽	44
胸围	93
腰围	76
臀围	92

打开虚拟模特编辑器，根据标准人体规格设定三维虚拟人体各围度尺寸，虚拟模特的数据是进行服装结构设计的基础。控制关键部位创建三维虚拟人体模特姿势，合理的人体模特姿势能够充分展示服装的着装效果。设定好各个安排点的位置，便于为模特穿衣。虚拟模特的人体尺寸和动作设定好后，虚拟人体模特编辑完成，如图5-1、图5-2所示。

同上面的方法，可制作CLO 3D虚拟女性模特，在模特编辑器中输入相应尺寸，参照国家 GB/T 1335.2—2008《服装号型　女子》标准中的中号女子规格的各控制部位尺寸，设计虚拟人体的各项尺寸，如表5-3所示。

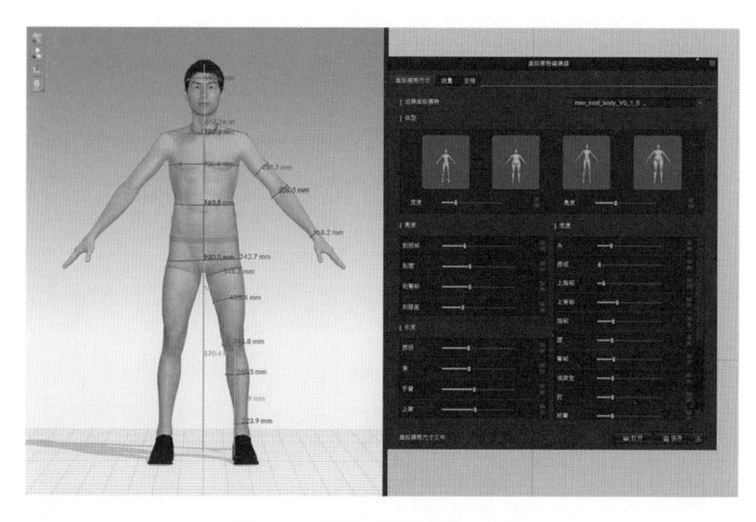

图 5-1　男体虚拟模特的建立

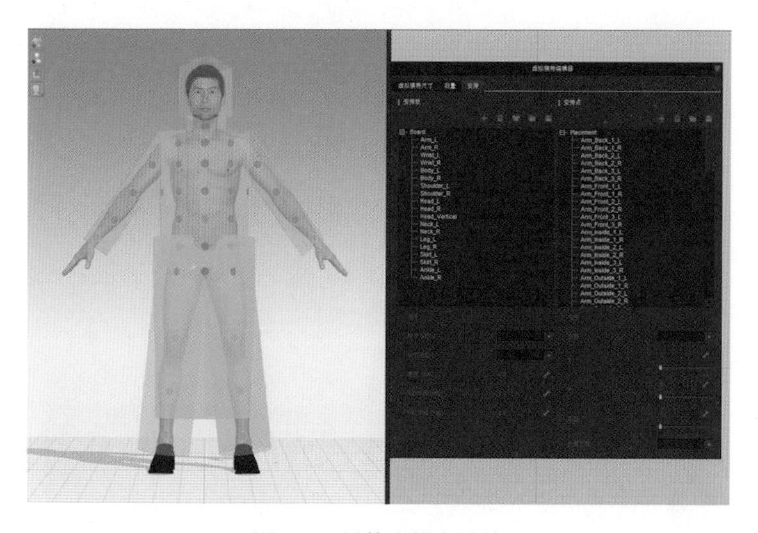

图 5-2　男体安排点设计

表 5-3　女体部位参数表　　单位：cm

部位	数值
身高	165
颈椎点高	136
臂长	57
颈围	35
肩宽	38

续表

部位	数值
胸围	88
腰围	70
臀围	92

女性虚拟模特的人体尺寸和动作设定方法同男性模特，如图5-3、图5-4所示。

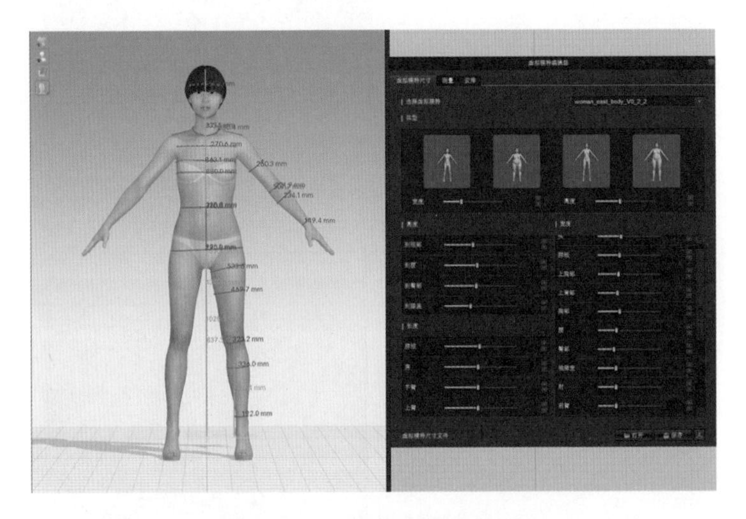

图 5-3　女体虚拟模特的建立

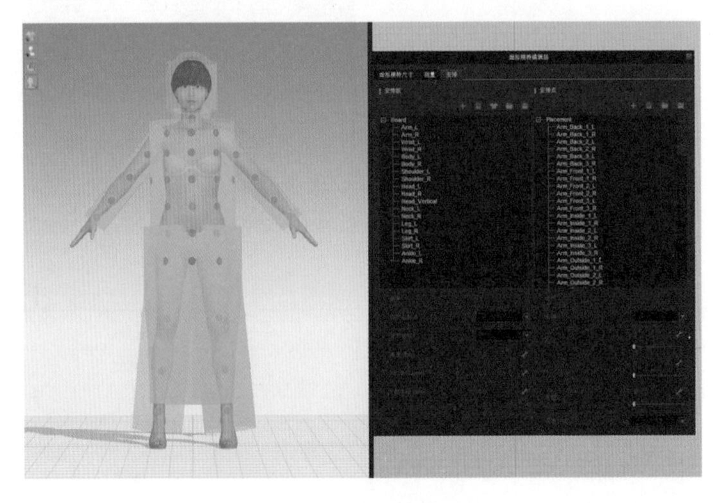

图 5-4　女体安排点设计

第二节 越剧小生服饰 3D 虚拟展示

一、越剧小生服饰 2D–3D 交互式转化虚拟试衣

在建立合适尺寸的3D人体模型后，将制板后的越剧小生服饰样板进行排板处理，再将样板文件导出为.dxf格式，导入CLO 3D虚拟试衣系统。

将整理好的越剧小生服饰样片排列在虚拟人体的周围，并将缝线设置好，缝合后便可将服装穿在人体模特上，用固定针进行固定，调整面料的位置，如图5–5所示。

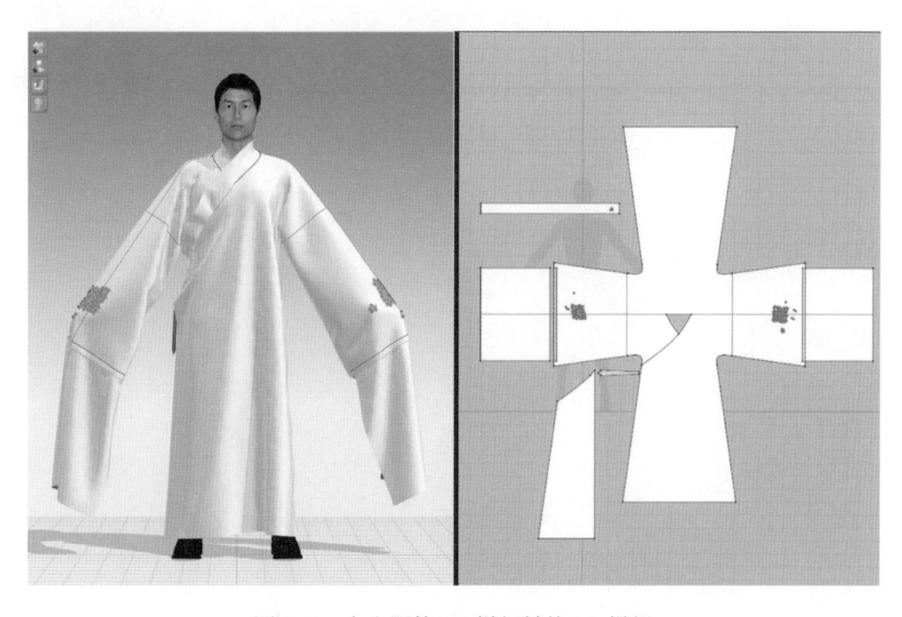

图 5–5 小生服饰 2D 样板转换 3D 样板

打开织物选择窗口，选择相匹配的面料，在面料颜色泊坞窗中选择符合角色设计的颜色，如图5–6所示。

将准备好的纹样通过2D平面窗口中的贴图导入样片中，对其大小和位置进行调整，通过3D虚拟窗口的模拟进行适当微调，如图5–7所示。

运用渲染选择合适的图片效果及尺寸。最后，将完成的虚拟越剧服装着装

效果进行保存，如图5-8所示。

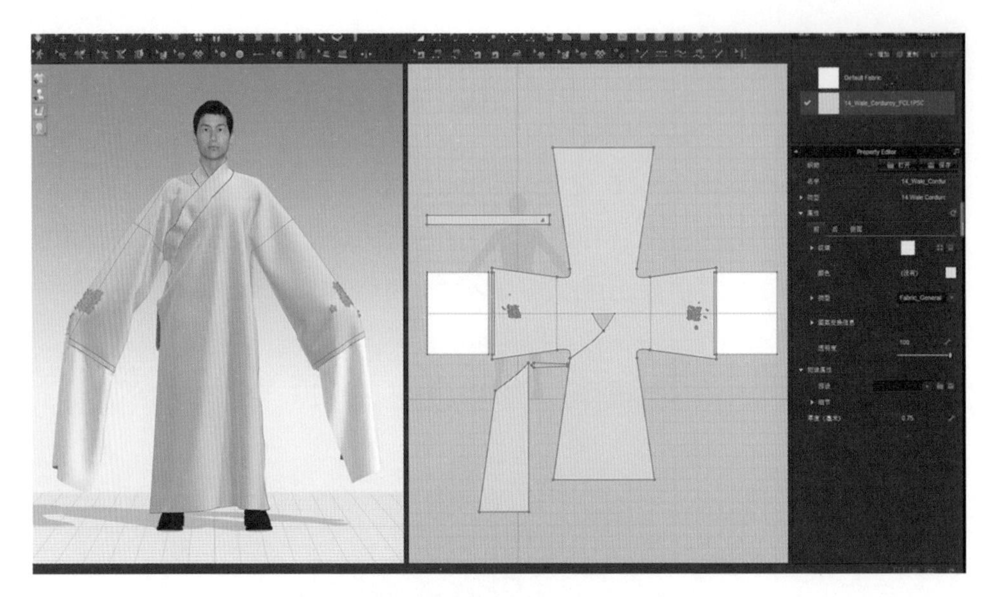

图 5-6 小生服饰 3D 面料设计窗口

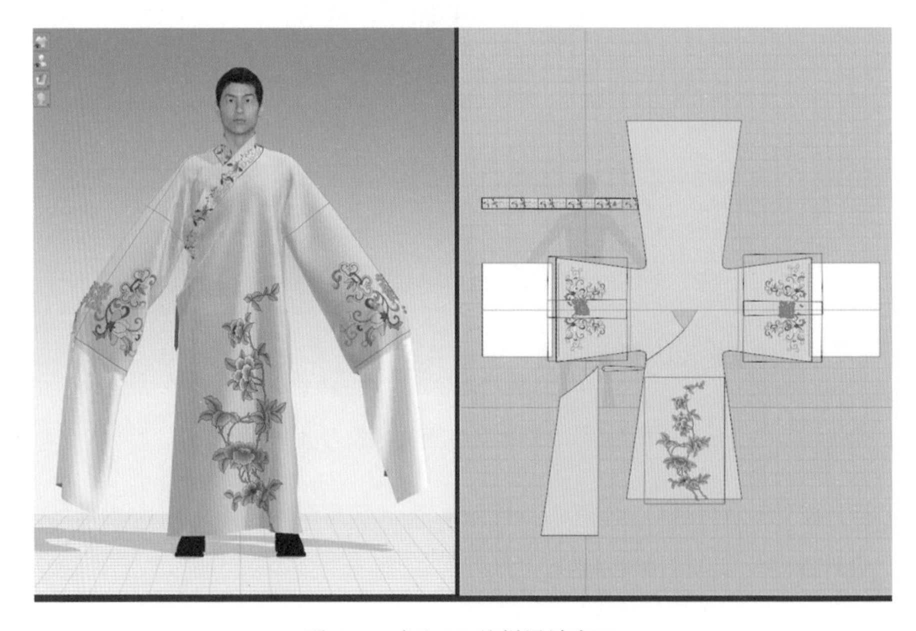

图 5-7 小生 3D 纹样设计窗口

可以重复上述操作过程，通过改变织物颜色与纹样，能得到与上一套不同的服装效果，如图5-9所示。

图 5-8　小生服饰 3D 虚拟效果（一）

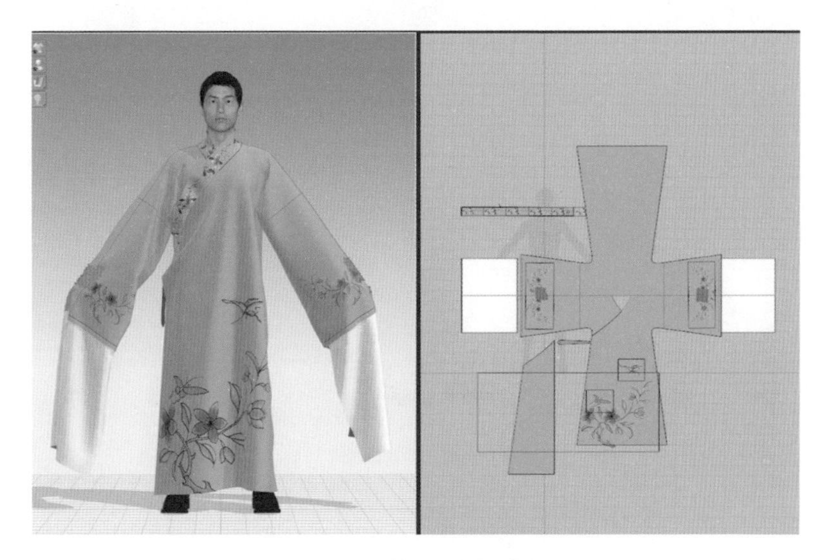

图 5-9　小生服饰 3D 虚拟效果（二）

二、着装效果评估

从CLO 3D的虚拟试衣效果来看，袖口和下摆会选用较大的自由纹样，整体显得服装干净大气，袖子处水袖的设计与袖窿的自然褶皱展现出小生的书卷气，如图5-10所示。

前视、侧视、后视效果（一）

前视、侧视、后视效果（二）

图 5-10 越剧小生服饰 CLO 3D 虚拟试衣效果

服装舒适性是人体工效学研究的主要内容之一，而服装压力舒适性是评价服装舒适性的一项重要指标。在CLO 3D虚拟试衣过程中便可测试虚拟人体着装后的服装压。虚拟试衣过程中打开显示压力点，选取虚拟模特关键部位测试其压力，如图5-11所示。由此图可以清晰地看到，小生服饰的压力点和应力点主要集中在人体颈部和肩部，其他部位压力较小，手部因有固定针固定也因此出现压力和应力点集中地显示，从而判断该款越剧小生服饰穿着效果较为宽松舒适。

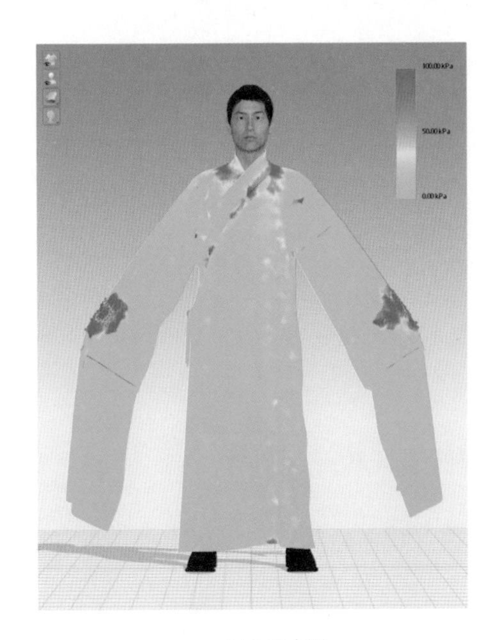

（1）压力图

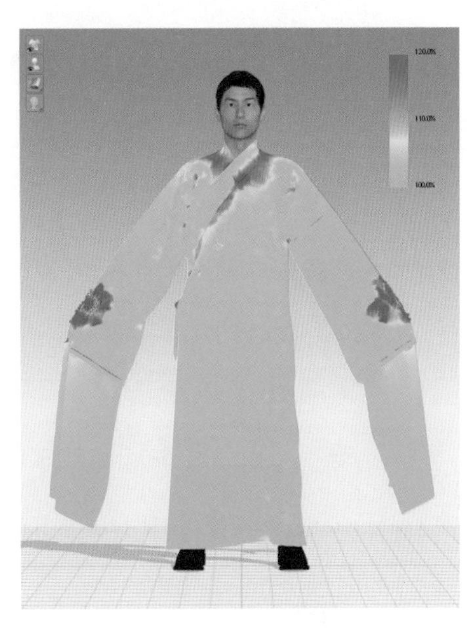

（2）应力图

图 5–11　测试越剧小生服饰对虚拟人体的压力

第三节　越剧花旦服饰 3D 虚拟展示

一、越剧花旦服饰 2D–3D 交互式转化虚拟试衣

越剧服饰CLO 3D虚拟试衣是以越剧服装为主要展示载体，通过建立合适尺寸的3D人体模型，将打板好的样板进行排板处理，再将样板文件导出为.dxf格式，导入CLO 3D虚拟试衣系统。

将整理好的越剧花旦服饰样片排列在虚拟人体的周围，并将缝线等设置好，缝合后便可将模拟缝制的花旦服装穿在人体模特上，CLO 3D是虚拟试衣系统，与现实穿衣有差别，因此可能在虚拟服装与人体模型间产生穿模现象，可以用固定针进行固定，调整面料的位置，如图5–12所示。

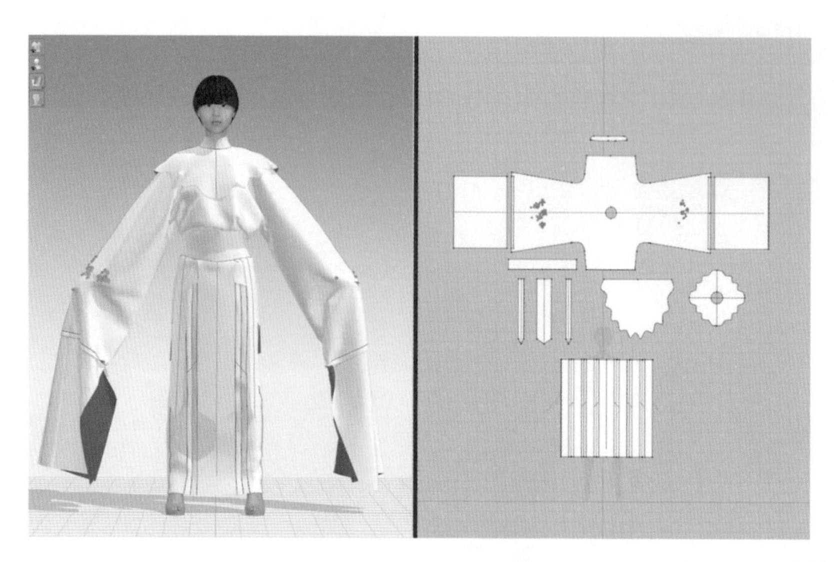

图 5-12 花旦服饰 2D 样板转换 3D 样板

打开织物选择窗口，选择相匹配的面料，在面料颜色泊坞窗中选择符合角色设计的颜色，如图5-13所示。

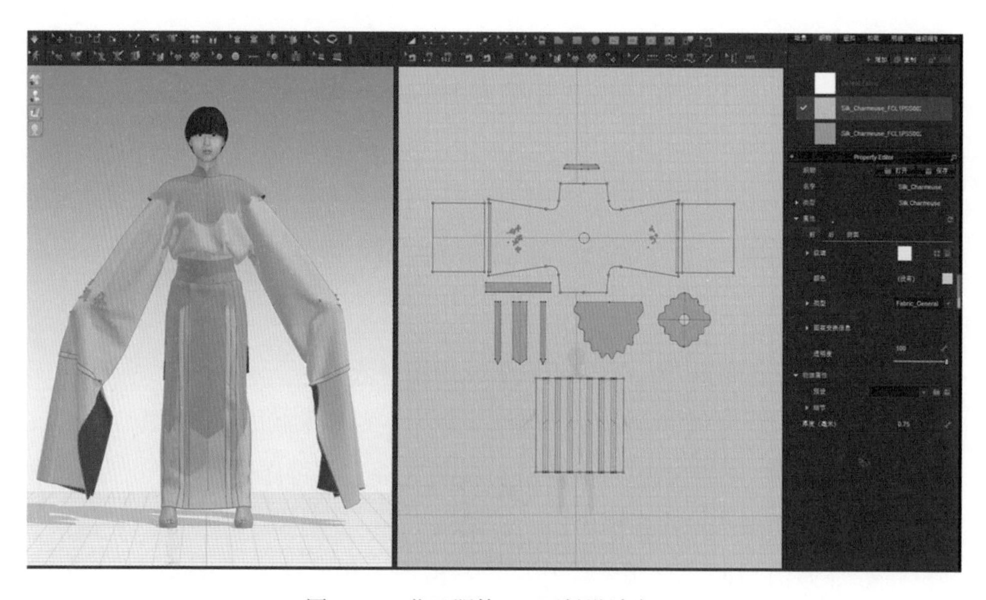

图 5-13 花旦服饰 3D 面料设计窗口

将准备好的纹样通过2D平面窗口中的贴图导入样片中，对其大小和位置进行调整，通过3D虚拟窗口的模拟进行适当微调，如图5-14所示。

图 5-14　花旦服饰 3D 纹样设计窗口

最后，运用渲染后，选择合适的图片尺寸将完成的虚拟越剧服装着装效果进行保存，如图5-15所示。

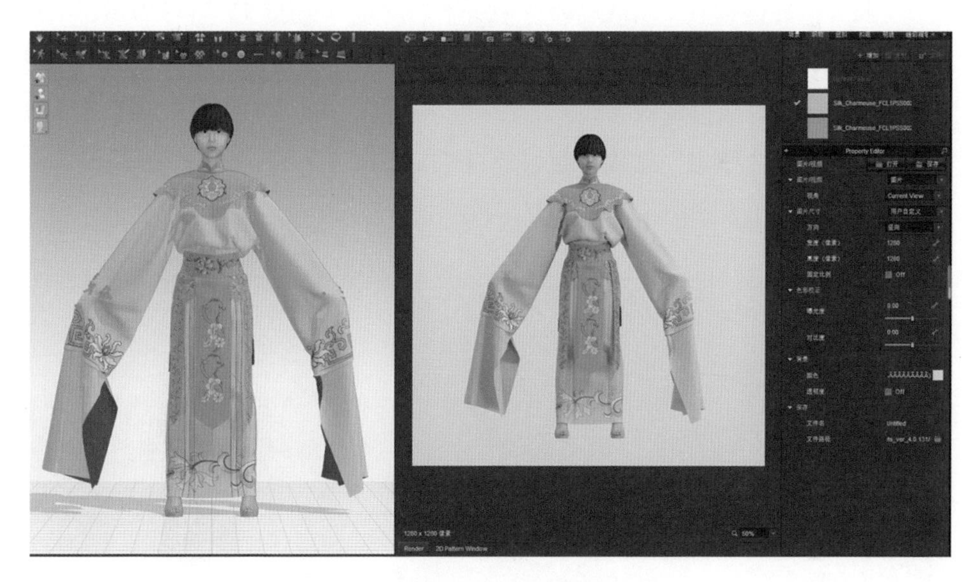

图 5-15　花旦成衣渲染效果（一）

一套越剧服装可进行多种色彩设计，重复上述的操作过程，改变织物颜色与纹样，可以得到与上一套不同的视觉效果，如图5-16所示。

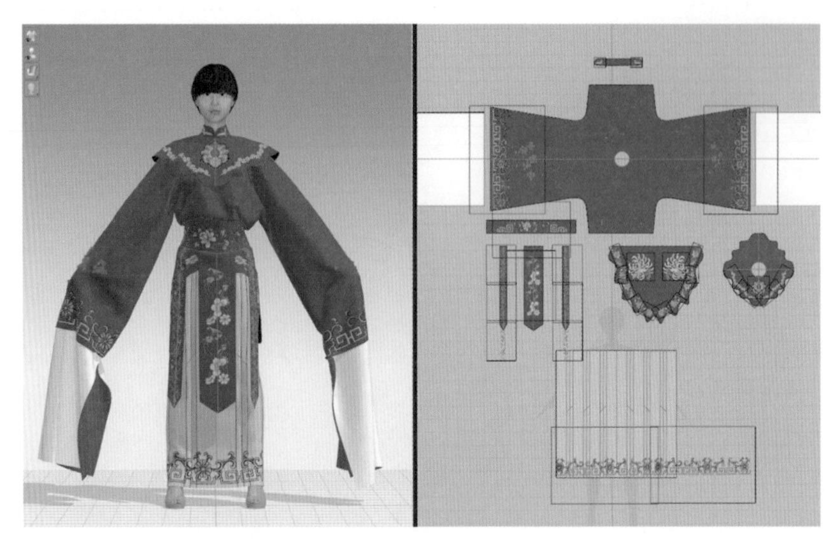

图 5-16　花旦成衣渲染效果（二）

二、着装效果评估

与西方倡导的挺肩平坦的服装造型所不同的是越剧服饰的肩与袖相连，自颈部顺着人体的肩部与手臂自然垂落，肩窝部分因为人体形成了自然流畅的褶皱。衣身整体设计是以宽松为特征的长袍，从CLO 3D的虚拟试衣效果来看，衣身和袖子构成“十字形”结构，很好地自然呈现出人体柔和的肩线，且其绚丽多样的纹样展现出女子的年轻与活力，如图5-17所示。

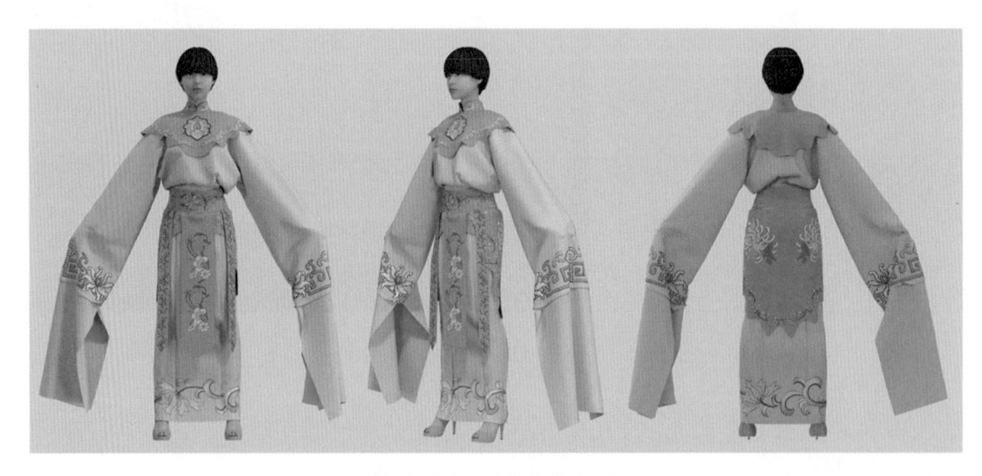

前视、侧视、后视效果（一）

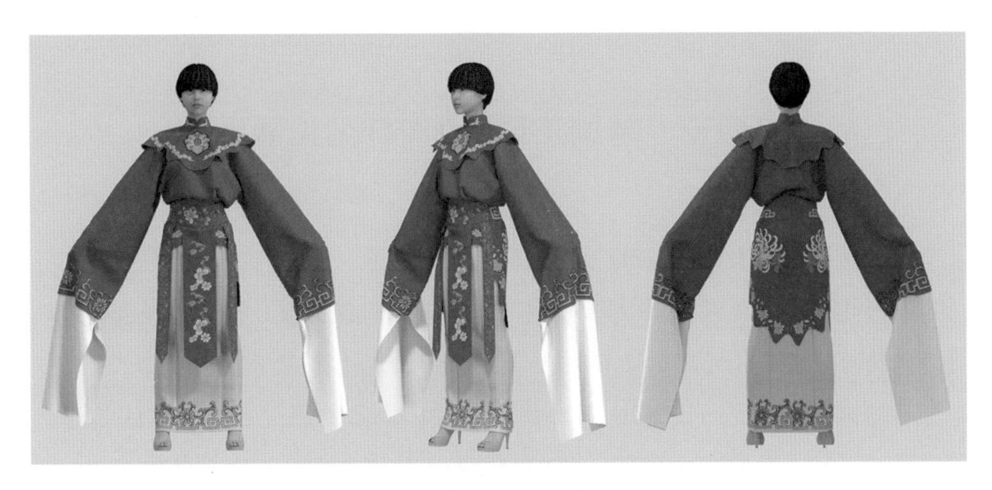

前视、侧视、后视效果（二）

图 5–17　越剧花旦 COL 3D 虚拟试衣效果

在CLO 3D虚拟试衣过程中可测试花旦服饰对虚拟人体的服装压。选取虚拟模特关键部位测试其压力，在虚拟试衣过程中打开显示压力点，如图5–18所示。由图可以清晰地看到，该款越剧花旦服饰的压力点和应力点主要集中在人体颈部和肩部，其他部位压力较小，手部因有固定针固定，因此压力和应力点集中，从而判断越剧花旦服饰穿着效果较为宽松舒适。

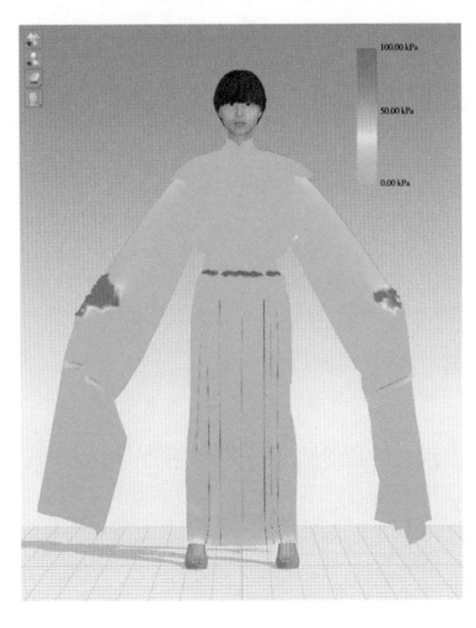

（1）压力图

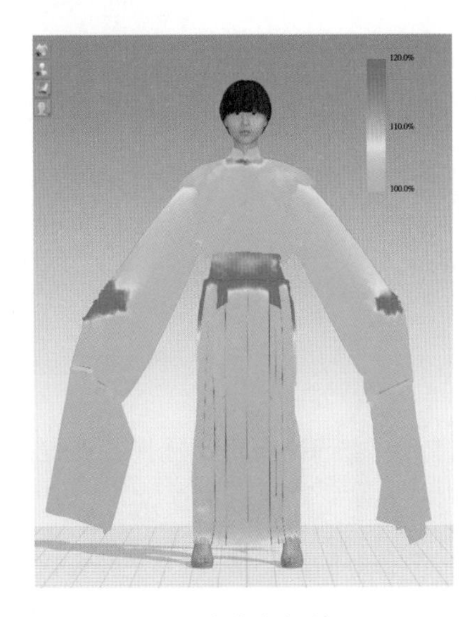

（2）应力图

图 5–18　测试越剧花旦服饰对虚拟人体的压力

第四节 越剧正旦服饰 3D 虚拟展示

一、越剧正旦服饰 2D-3D 交互式转化虚拟试衣

通过建立合适尺寸的3D人体模型，将打板好的越剧正旦服饰样板进行排板处理，再将样板文件导出为.dxf格式，导入CLO 3D虚拟试衣系统。

将整理好的越剧正旦服饰样片排列在虚拟人体的周围，并将缝线等设置好，缝合后的正旦服装效果显示在3D窗口的人体模特上，用固定针进行固定，调整面料的位置，如图5-19所示。

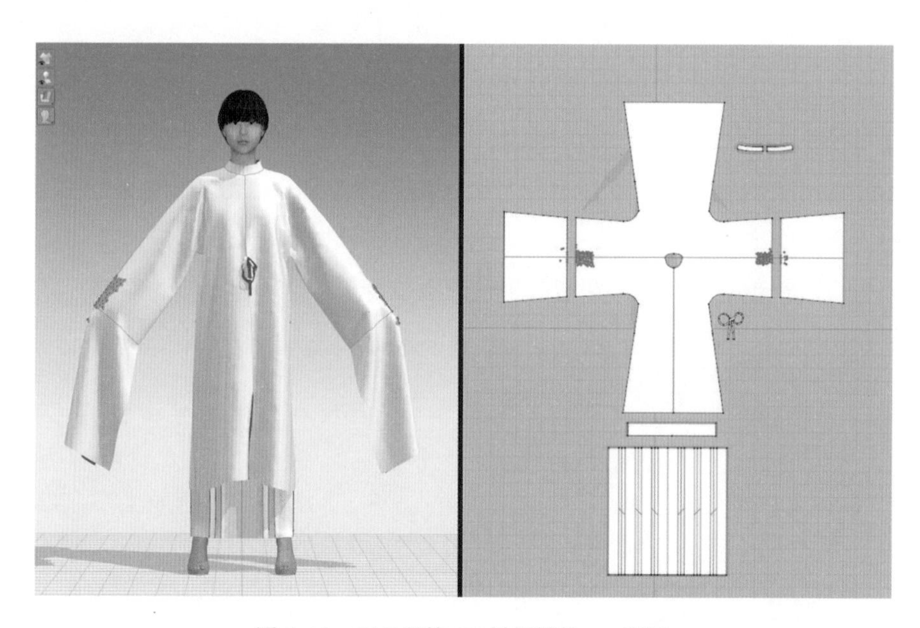

图 5-19 正旦服饰 2D 样板转换 3D 样板

打开织物选择窗口，选择相匹配的面料，在面料颜色泊坞窗中选择符合角色设计的颜色，如图5-20所示。

将准备好的纹样通过2D平面窗口中的贴图导入样片中，对其大小和位置进行调整，通过3D虚拟窗口的模拟进行适当微调，如图5-21所示。

最后，运用渲染后，选择合适的图片尺寸将完成的虚拟越剧服装着装效果

进行保存，如图5-22所示。

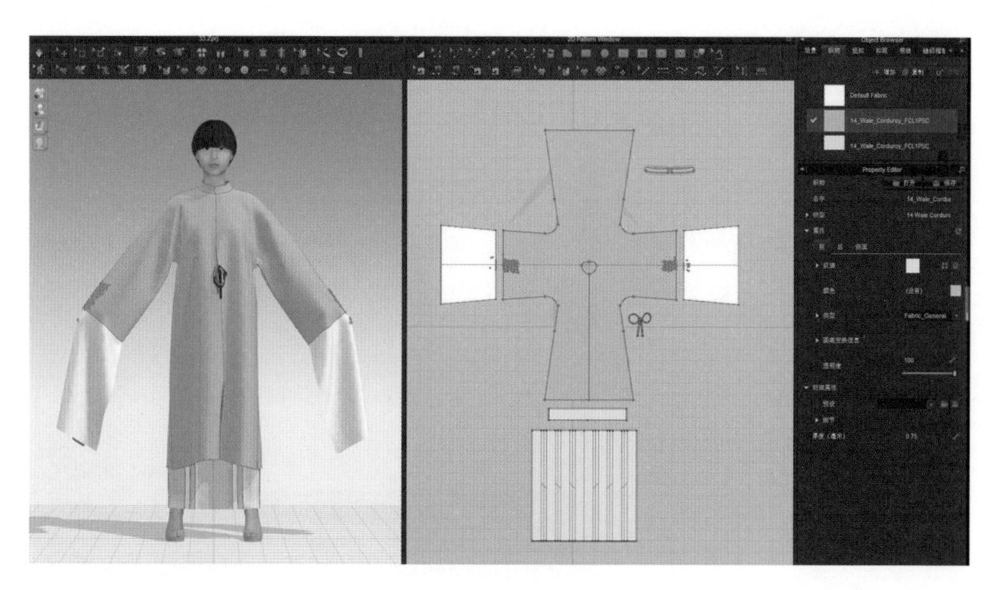

图 5-20　正旦服饰 3D 面料设计窗口

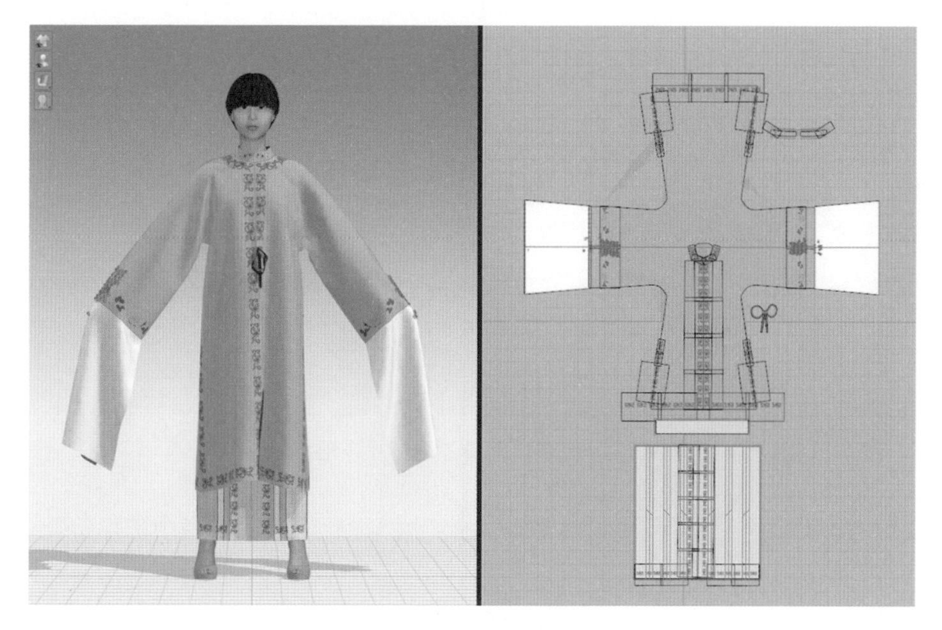

图 5-21　正旦服饰 3D 纹样设计窗口

重复上述操作过程，改变织物颜色与纹样，可以得到与上一套不同的视觉效果，如图5–23所示。

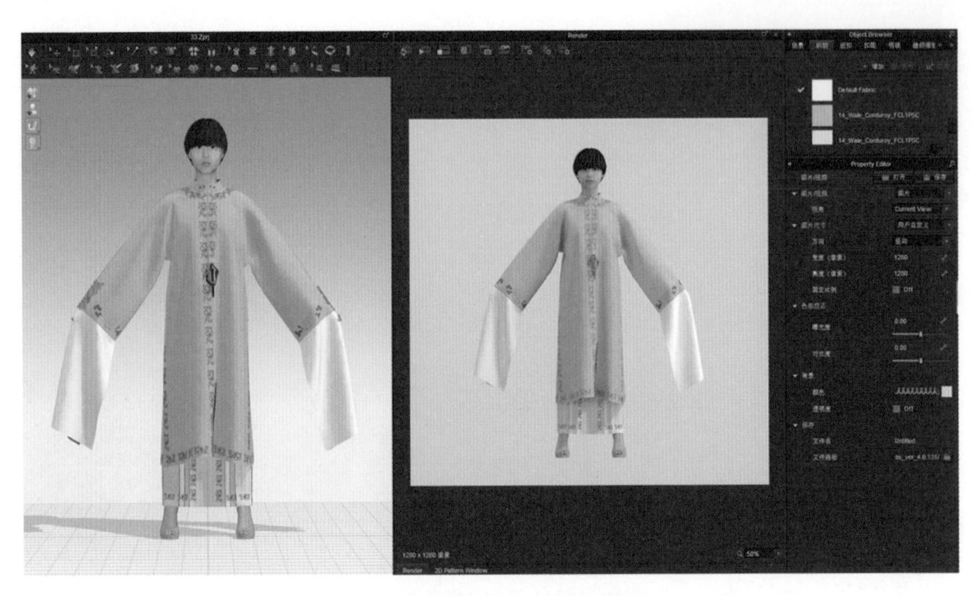

图 5–22　正旦服饰 3D 虚拟设计效果（一）

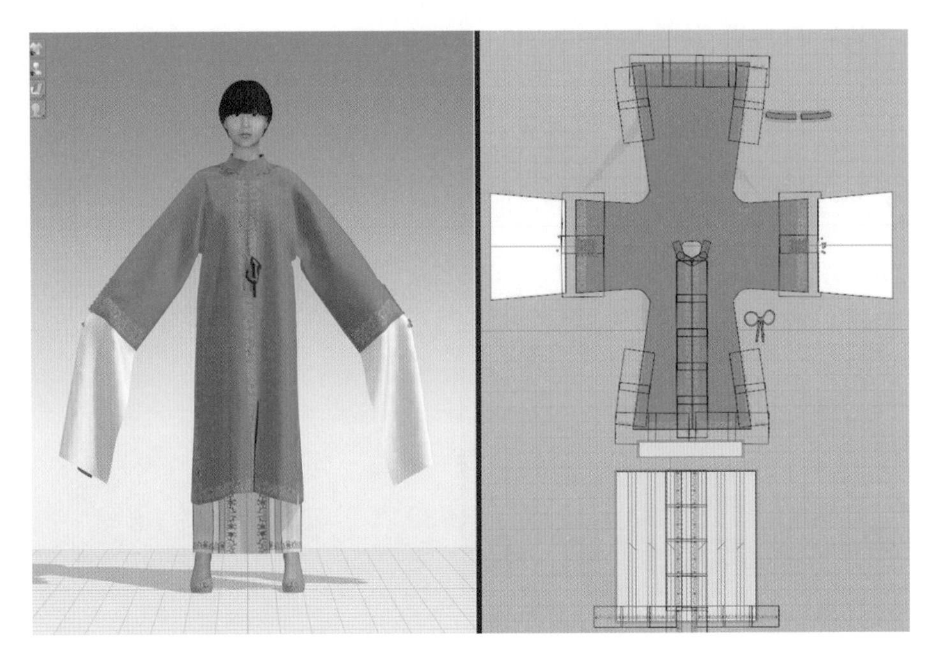

图 5–23　正旦服饰 3D 虚拟设计效果（二）

二、着装效果评估

从CLO 3D的虚拟试衣效果来看，正旦多穿着素色褶子，整体服装显得干净大气，给人以庄重之感，如图5-24所示。

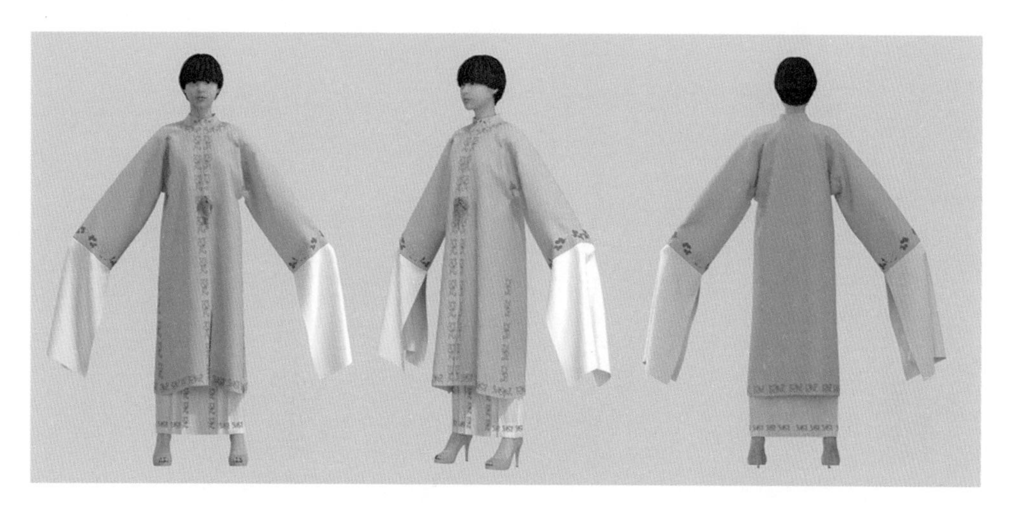

前视、侧视、后视效果（一）

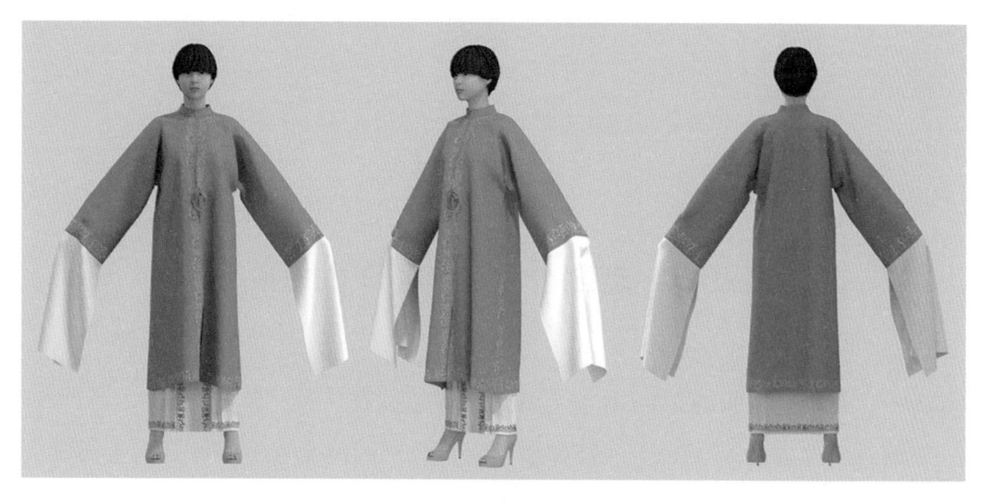

前视、侧视、后视效果（二）

图 5-24　越剧正旦 CLO 3D 虚拟试衣效果

在CLO 3D虚拟试衣过程中可测试正旦服饰对虚拟人体的压力。选取虚拟模特关键部位测试其压力，虚拟试衣过程中打开显示压力点，如图5-25所示。

由此图可以清晰地看到，正旦服饰的压力点和应力点主要集中在人体颈部和肩部，其他部位压力较小，手部有固定针固定，因此压力和应力点集中，从而判断越剧正旦服饰穿着效果较为宽松舒适。

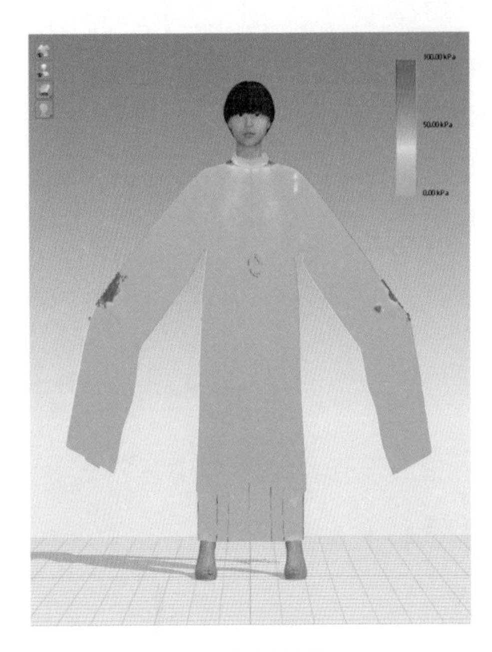

（1）压力图

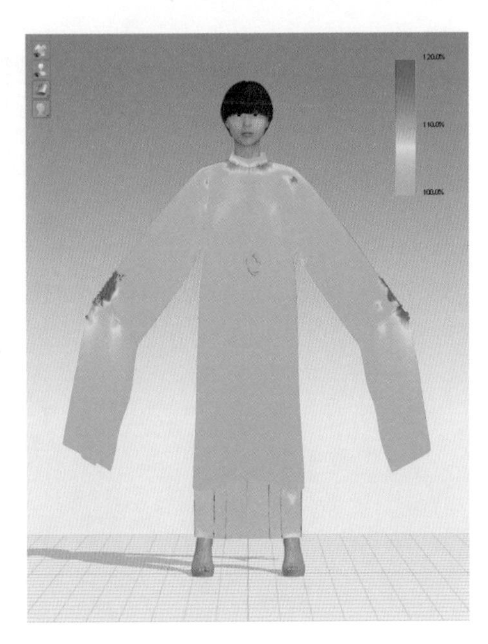

（2）应力图

图 5-25　测试越剧正旦服饰对虚拟人体的压力

第五节　越剧老生服饰 3D 虚拟展示

一、越剧老生服饰 2D-3D 交互式转化虚拟试衣

通过建立合适尺寸的3D人体模型，将打板好的越剧老生服饰样板进行排板处理，再将样板文件导出为.dxf格式，导入CLO 3D虚拟试衣系统。

将整理好的越剧老生服饰样片排列在虚拟人体的周围，并将缝线等设置好，把缝合后的老生服装穿在3D窗口的人体模特上，用固定针进行固定，调整面料的位置，如图5-26所示。

打开织物选择窗口，选择相匹配的面料，在面料颜色泊坞窗中选择符合角色设计的颜色，如图5–27所示。

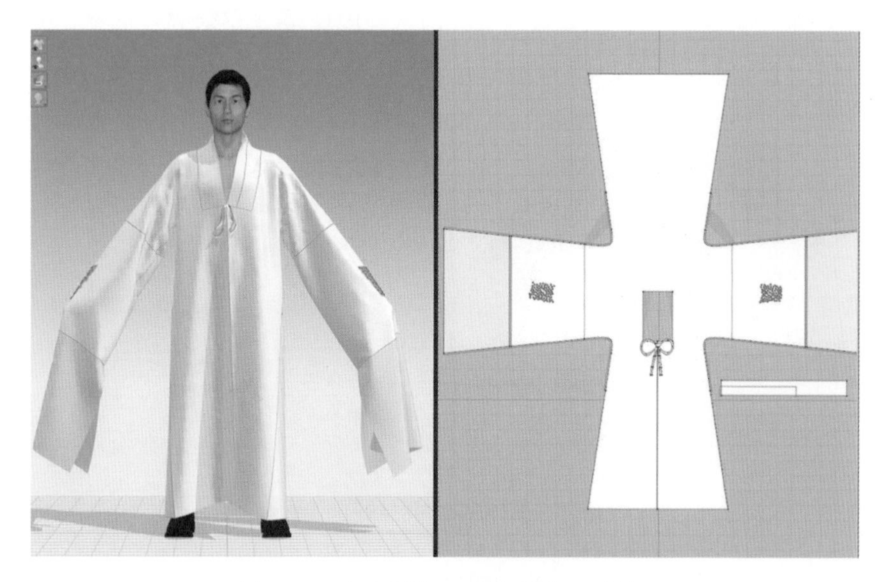

图 5–26　老生服饰 2D 样板转换 3D 样板

图 5–27　老生服装 3D 面料设计窗口

将准备好的纹样通过2D平面窗口中的贴图导入样片中，对其大小和位置进行调整，通过3D虚拟窗口的模拟进行适当微调，如图5–28所示。

图 5-28　老生服饰 3D 纹样设计窗口

最后，运用渲染后，选择合适的图片尺寸将完成的虚拟越剧服装着装效果进行保存，如图5-29所示。

图 5-29　老生服饰 3D 虚拟设计效果（一）

重复上述操作过程，改变织物颜色与纹样，可以得到与上一套不同的视觉效果，如图5-30所示。

图 5-30　老生 3D 虚拟设计效果（二）

二、着装效果评估

从CLO 3D的虚拟试衣效果来看，这款服饰庄重朴素，纹样选择长寿吉祥寓意，其袖子处水袖的设计与袖窿的自然褶皱体现出简约、庄重的视觉效果，如图5-31所示。

前视、侧视、后视效果（一）

图 5-31

前视、侧视、后视效果（二）

图 5–31　越剧老生 CLO 3D 虚拟试衣效果

在CLO 3D虚拟试衣过程中可测试老生服饰对虚拟人体的压力。选取虚拟模特关键部位测试其服装压力，虚拟试衣过程中打开显示压力点，如图5–32所示。由此图可以清晰地看到，老生服饰的压力点和应力点主要集中在人体颈部和肩部，其他部位压力较小，手部有固定针固定，因此压力和应力点集中，从而判断此款越剧老生服饰穿着效果较为宽松舒适。

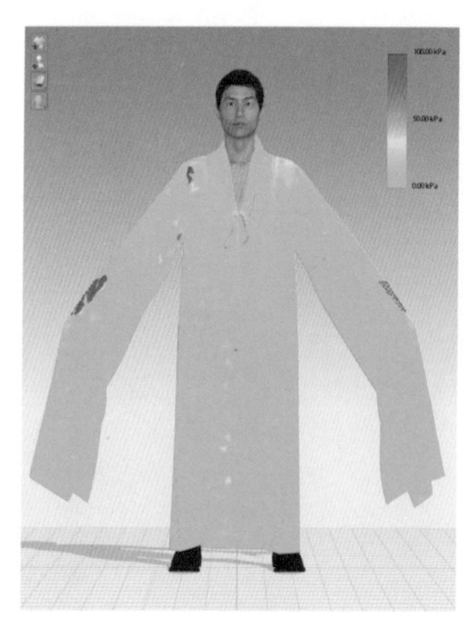

（1）压力图

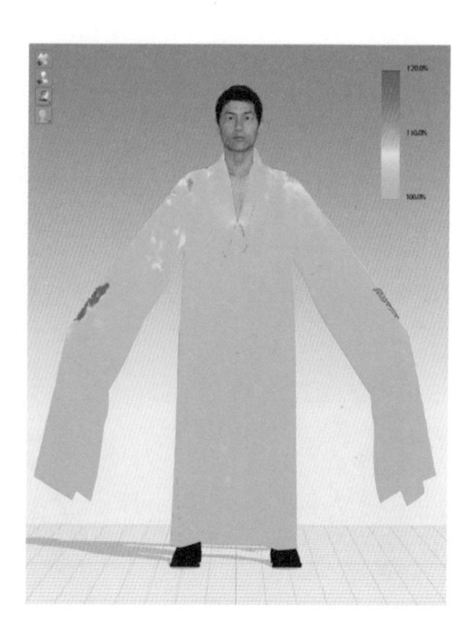

（2）应力图

图 5–32　测试越剧老生服饰对虚拟人体的压力

第六节 越剧武生服饰 3D 虚拟展示

一、越剧武生服饰 2D–3D 交互式转化虚拟试衣

通过建立合适尺寸的3D人体模型，将打板好的越剧武生服饰样板进行排板处理，再将样板文件导出为.dxf格式，导入CLO 3D虚拟试衣系统。

将整理好的越剧武生服饰样片排列在虚拟人体的周围，并将缝线等设置好，缝合后便可看到武生服装穿在人体模特上的效果，用固定针进行固定，调整面料的位置，如图5–33所示。

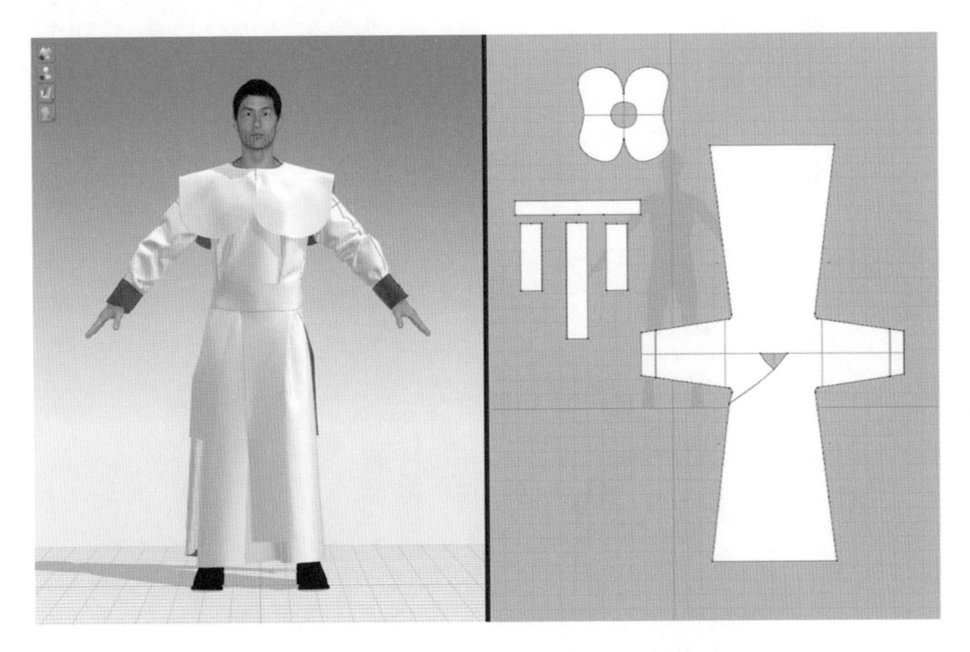

图 5–33 武生服饰 2D 样板转换 3D 样板

打开织物选择窗口，选择相匹配的面料，在面料颜色泊坞窗中选择符合角色设计的颜色，如图5–34所示。

将准备好的纹样通过2D平面窗口中的贴图导入样片中，对其大小和位置进行调整，通过3D虚拟窗口的模拟进行适当微调，如图5–35所示。

最后，运用渲染后，选择合适的图片尺寸将完成的虚拟越剧服装着装效果进行保存，如图5-36所示。

图 5-34　武生服饰 3D 面料设计窗口

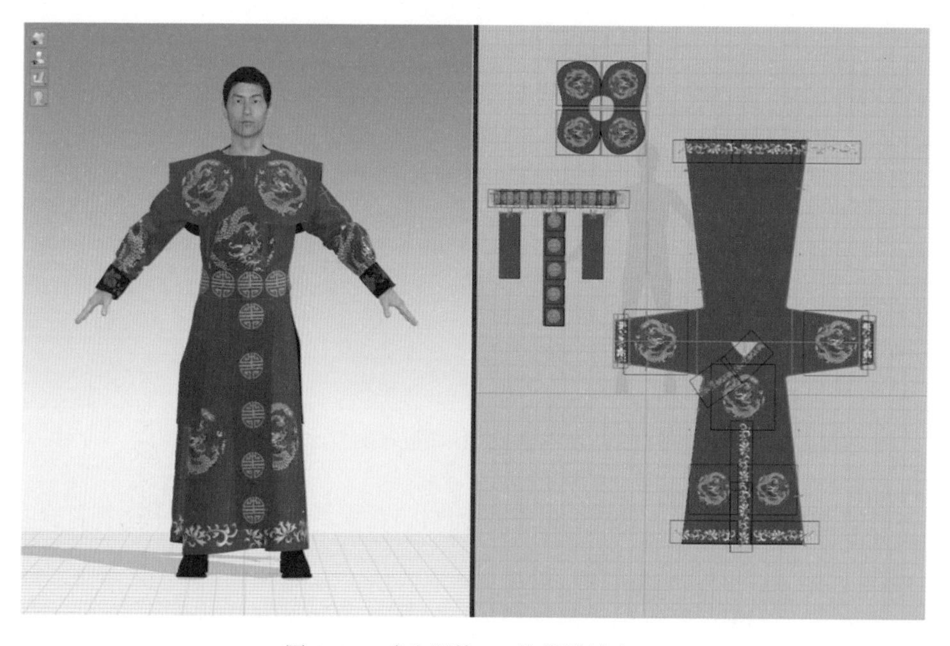

图 5-35　武生服饰 3D 纹样设计窗口

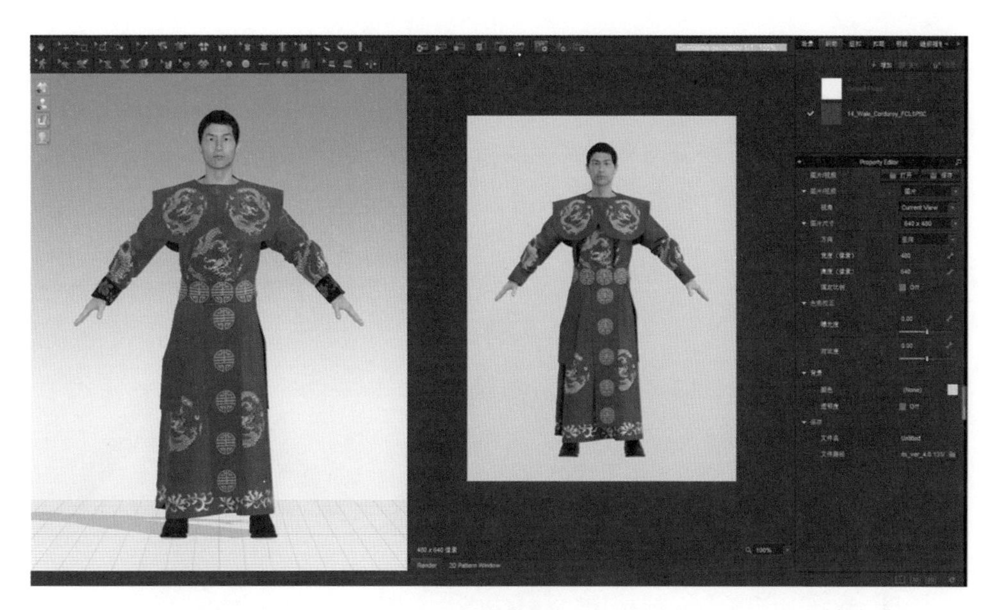

图 5-36 武生服饰 3D 虚拟设计效果（一）

重复上述操作过程，改变织物颜色与纹样，可以得到与上一套不同的视觉效果，如图5-37所示。

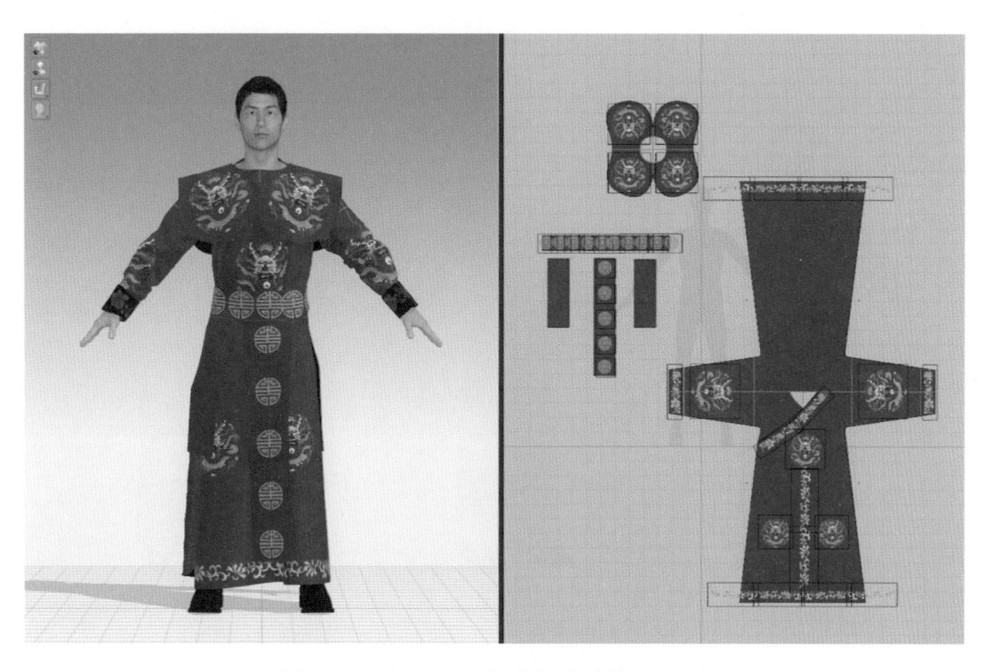

图 5-37 武生 3D 服饰虚拟设计效果（二）

二、着装效果评估

从CLO 3D的虚拟试衣效果来看，披肩挺起展现威武感，腰佩落于长褂腰间，袖子束于袖口，该服饰彰显武生的精明干练，整体色彩协调，给人以沉稳霸气之感，彰显武将的勇猛和骁勇善战，如图5-38所示。

前视、侧视、后视效果（一）

前视、侧视、后视效果（二）

图 5-38　越剧武生服饰设计 CLO 3D 虚拟试衣效果

在CLO 3D虚拟试衣过程中可测试武生服饰对虚拟人体的压力。选取虚拟模特关键部位测试其压力，虚拟试衣过程中打开显示压力点，如图5-39所示。由此图可以清晰地看到，武生服饰的压力点和应力点主要集中在人体肩部和腰部，其他部位压力较小，手部有固定针固定，因此压力和应力点集中，从而判断越剧武生服饰穿着效果较为宽松舒适。

（1）压力图

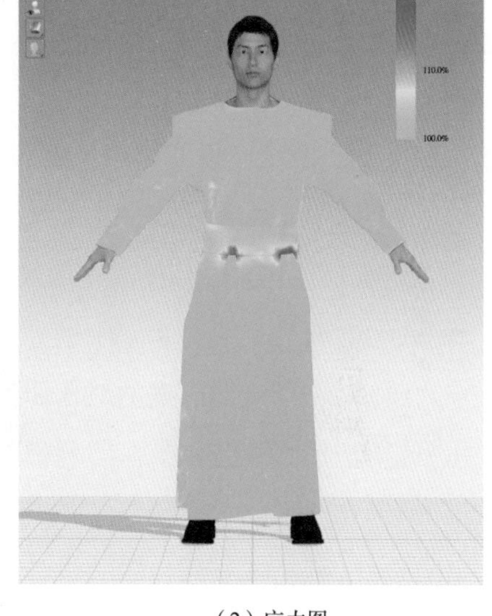

（2）应力图

图 5-39　测试越剧武生服饰对虚拟人体的压力

参考文献

[1] 沈琳琳 . 戏剧舞台服装设计的文化属性与效果呈现 [J]. 戏剧文学，2019（11）：125–129.

[2] 刘斐元 . 戏剧服装的艺术设计要素浅析 [J]. 艺术评鉴，2019（18）：185–186.

[3] 周大鹏 . 戏剧服装设计中色彩要素的时代要求与价值追求 [J]. 戏剧文学，2019（7）：140–145.

[4] 王慧敏 . 论色彩冲突在戏剧服装中的荒诞性表现 [J]. 宁波职业技术学院学报，2019，23（3）：88–91.

[5] 刘丽伟 . 中国戏曲图案的对比研究 [J]. 戏剧之家，2018（31）：28.

[6] 杨志超 . 论刺绣在越剧艺术中的创新及应用 [J]. 戏剧之家，2018（24）：149.

[7] 阳晓青 . 探析戏剧舞台服装设计 [J]. 文化产业，2018（13）：48–49.

[8] 高秋婉 . 面料的肌理效果在戏剧服装设计中的应用 [D]. 天津科技大学，2018.

[9] 杨晓艳 . 戏剧服装设计的影响因素、构思与实践研究 [J]. 黄河科技大学学报，2017，19（6）：91–95.

[10] 孙小杰 . 浅谈新编戏曲服装纹样设计 [J]. 大舞台，2017（5）：8–12.

[11] Regenia Gagnier. Aesthetics and Economics in A Florentine Tragedy[J]. Modern Drama, 1994, 37（1）: 71–83.

[12] 贺思梦，田伟 . 基于人物角色设定的舞台剧服装设计 [J]. 服装设计师，2019（8）：138–141.

[13] 张伟萌，马芳 . 基于 CLO 3D 平台的汉服十字型结构探析 [J]. 丝绸，2021，58（2）：131–136.

[14] 求倩一 . 地方戏剧越剧发展的借鉴意义 [J]. 艺术评鉴，2016（11）：152–

153，156.

[15] 张会芳，刘文 . 刍议越剧剧目变化背景下的服饰创新 [N]. 山东纺织经济，2016（4）：42–43，48.

[16] 张益洁 . 越剧服饰的改革与发展 [J]. 大舞台，2017（6）：84–87.

[17] 罗静 . 越剧戏服的结构与缝制技艺研究 [N]. 设计，2017（21），84（2）：82–83.

[18] 沈美娟 . 越剧与其他剧种的区别 [J]. 剧影月报 .2011（6）.

[19] 刘晨晖，王蕾，崔荣荣 . 越剧传统剧中旦角的服饰类型与特征 [J]. 丝绸，2018，55（3）：72–77.

[20] 喻梅，胥筝筝，叶鸿 . 浅析越剧服饰及其艺术特征 [J]. 轻纺工业与技术，2018，47（5）：39–42.

[21] 张晓妍，孙莹 .21 世纪戏曲生旦造型设计方式探索：以昆曲和越剧为例 [N]. 西部学刊，2017（1）：67–75.

[22] 刘民 . 从服装与化妆角度浅析越剧舞台美术 [N]. 戏剧之家，2014（15）:183.

[23] 张逸婷，汪静一 . 近二十年越剧研究概况 [J]. 大众文艺，2017（16）：179.

[24] 凌来芳 . 媒介融合背景下的越剧对外传播模式 [J]. 绍兴文理学院学报（哲学社会科学），2017，37（3）：22–25，86.

[25] 周颖 . 数字化背景下巴东堂戏的传承研究 [R]. 中南民族大学硕士学位论文，2014.

[26] Young Iimchoi，Yun Ja Nam. Classification of upper lateral body shapes for the apparel industry [J].Hum Factors Ergon Man ，2010，20（5）：378–390.

[27] Garland L，Almond K. Second Skin ：Investigating the Production of Contoured Patterns for the Theatrical Costume Industry[J]. Costume，2016，50（1）：90–113.

[28] 杨红玉 . 论戏剧服装设计 [J]. 青年文学家，2006（7）：63.

[29] 吴凤琴 . 浅说戏剧服装的造型 [J]. 戏文，2005（4）：87–89.

[30] 庄树弘 . 浅谈戏曲服装的审美特征 [J]. 戏剧之家，2017（11）：28.

[31] 韦建美 . 戏剧服装的“语言”特色 [J]. 福建艺术，2000（2）：37–38.

[32] 杨丽莎 . 越剧《血手印》服装色彩运用 [J]. 剧影月报，2018（1）：60.

[33] 张筠 .《红楼梦》妇女服装色彩探析 [J]. 西北大学学报（哲学社会科学版），2004（3）：150 –153.

[34] 张丹丹 . 越剧花旦"女扮男装"的表演：以《沉香扇》中蔡兰英为例 [J]. 剧影月报，2018（2）：26–27.

[35] 陈少君 . 对越剧老旦行当的理解 [J]. 剧影月报，2017（1）：63.

[36] 高璐 . 浅谈越剧小花脸 [J]. 剧影月报，2017（5）：63.

[37] 余岢 .《京剧丑角》：丑角不丑 [J]. 上海集邮，2006（10）：22–23.

[38] 顾天高 . 黄钟大吕震颤心灵：为越剧老生郑曼莉塑造的"晋文公"喝彩 [J]. 戏文，2003（1）：47.

[39] 裘洪炯 . 越剧元素动漫角色造型设定研究 [J]. 当代电影，2016（11）：177–179.

[40] 周颖 . 数字化背景下巴东堂戏的传承研究 [D]. 中南民族大学，2014：28–44.

[41] 熊红云 . 服饰图案的数字化保护与传承 [J]. 纺织科学研究，2016（1）[DB/OL].http：//www.cnki.net，2016–01–01/2018–11–0 1：92–93.

[42] 李洪鹰 . 戏剧服装的发展趋向 [J]. 戏剧之家，2014（9）：43.

[43] Eastop D，Bülow A E，Brokerhof A W. Design，digitization，discovery：Enhancing collection quality[J]. Studies in Conservation，2012，57（Supp 1）：S102–S96.

[44] 张沙沙 . 基于 CLO 3D 汉服虚拟试衣设计与实现研究 [D]. 西安工程大学，2019.

[45] Garland L，Almond K. Second Skin：Investigating the Production of Contoured Patterns for the Theatrical Costume Industry[J]. Costume，2016，50（1）：90–113.

[46] 徐爱国 . 虚拟人动画中的三维服装仿真技术研究 [D]. 浙江：浙江大学，2006.

后 记

基于互联网+视阈下越剧服饰文化及其数字化传承研究项目（19NDQN328YB），项目组先后走访了绍兴黄泽戏剧服装小镇、绍兴小百花越剧团、兰曦戏剧服装制作公司等多地。通过对戏剧服装产业的深入考察，以及对中国传统文化伟大复兴的深入理解，项目组提出了“传承文化，数字保护”的研究理念。越剧服装作为中国传统文化的重要组成部分，它承载了百年越剧的文化内涵和装饰审美。对越剧服装的研究，主要是为了进一步挖掘中国传统文化内涵并探索出一条适合当今文化传承的数字化道路。

本书由绍兴文理学院元培学院师生编写，主要编写人员有韩燕娜、李鸿飞、陈燕玲、岳秋颖、夏依婷、苏微雨、马莹莹等。在研究过程中得到了柯桥越剧小百花剧团董燕老师、兰曦戏剧服装制作总经理庞丽丽等的大力支持。在此表示衷心的感谢。

由于研究过程和编写时间有限，书中难免有不妥之处，恳请各位同仁和读者批评指正。

著者

2021年9月